# TECHNISCHE ARBEIT

# EINST UND JETZT

VON

Dr. ing. W. v. OECHELHAEUSER

VORTRAG ZUR FEIER DES 50 JÄHRIGEN BESTEHENS
DES VEREINES DEUTSCHER INGENIEURE ZU BERLIN
AM 11. JUNI 1906

BERLIN
VERLAG VON JULIUS SPRINGER
1906

ISBN-13 : 978-3-642-98346-7   e-ISBN-13 : 978-3-642-99158-5
DOI : 10.1007/978-3-642-99158-5

Hohe Festversammlung

Je weiter wir in der Kenntnis der ältesten Völker fortschreiten, um so mehr lernen wir den hohen Kulturstand bewundern, den einige von ihnen schon vor 6000 bis 7000 Jahren eingenommen haben, und je mehr Spuren alter Technik bekannt werden, um so mehr gesellt sich Staunen zur Bewunderung.

Wir halten es deshalb für ganz gerechtfertigt, wenn bei Entdeckungen und Ausgrabungen aus der ältesten Zeit immer wieder darauf hingewiesen wird, daß der Unternehmungsgeist im Altertum mindestens ebenso groß gewesen sei als in der Gegenwart.

Stammt doch der Unternehmungsgeist zunächst aus der Idee, aus dem Reiche der Gedanken, und diese pflegen ja viel leichter zu expandieren als alles, was sich hart im Raume stoßen kann und dort schnell seine Grenzen findet. Der hohe Gedankenflug eines großen Denkers oder eines ägyptischen oder assyrischen Herrschers, der sich Gott ähnlich dünkte, konnte schon innerhalb eines einzigen Menschenalters solche Bahnen durchmessen, daß es späteren Jahrtausenden schwer werden mußte, ihn zu übertreffen. Darum ist der großartige Unternehmungsgeist der alten Völker für uns ebensowenig ein stiller Vorwurf, als es z. B. für unsere moderne Philosophie einer ist, daß die Geisteshöhe eines Plato auch heute noch für unübertroffen gilt.

Aber auch für Umsetzung eines hohen Unternehmungsgeistes in die Tat liegen von Riesenwerken, die zur Vollendung gelangten, Beispiele genug vor; besaßen doch die Alten dafür u. a. zwei Faktoren, die heute in dem Maße nicht annähernd mehr vorhanden sind: sie verfügten über eine ungeheure Zahl billigster menschlicher Arbeitskräfte und über beliebige Zeiträume.

Wenn wir nun heute einige Hauptgesichtspunkte und Richtungslinien ausfindig machen wollen, die bei einem Vergleich von „technischer Arbeit einst und jetzt" in Frage kommen und Interesse für uns haben könnten: die uns also gewissermaßen Durchblicke durch verschiedene Perioden der Vergangenheit und Ausblicke für die Zukunft gewähren, so müssen wir dabei von vornherein allgemeine Betrachtungen über das Verhältnis der Technik zur Kultur so viel als möglich fernzuhalten suchen. Denn einmal würde der Stoff alsdann in vielen Vorträgen nicht zu bewältigen sein, und andererseits liegen über diese Beziehungen bereits ausgezeichnete Abhandlungen und Vorträge von Reuleaux, Riedler, Ernst, Slaby, Schmoller, Kammerer, Fritzsche, Popper, Lang usw. und neuerdings sogar ein besonderes Werk „Die Technik als Kulturmacht" von Ulrich Wendt vor, so daß ich auf diese Arbeiten hinweisen muß, um meine heutige Darstellung nach vielen Seiten zu ergänzen.

Außerdem verweise ich zur Ausfüllung anderer Lücken auf den Nestor der Geschichte der Technik, Rühlmann, und auf die verdienstvolle „Geschichte der Ingenieurtechnik des Altertums" von Curt Merckel, während von der späteren Zeit nur vereinzelte wertvolle geschichtliche Beiträge, wie die von Th. Beck, und gute Monographien vorliegen. Eine auf umfangreichem Quellenstudium beruhende „Geschichte der Dampfmaschine" wird auf Veranlassung unseres Vereins durch Conrad Matschoß herausgegeben. Hoffentlich findet sich auch bald der Geschichtsschreiber, welcher der Ingenieurtechnik des Mittelalters und der Neuzeit gerecht wird! Jedenfalls bezeugt es unsern Respekt vor dem Altertum, daß wir mit seiner Geschichte der Technik begonnen haben, und über ihre moderne Entwicklung noch nicht einmal den flüchtigsten Überblick besitzen! —

Wenn wir an die technischen Meisterwerke der Vergangenheit denken, so fallen uns wohl meistens die sogenannten 7 Wunder der alten Welt zuerst ein, und wenn wir im Konversationslexikon unsere Erinnerung aufgefrischt haben: welches denn eigentlich diese 7 Wunder waren und welche davon Werke der Technik, so finden wir darunter neben dem Koloß von Rhodos, der als Leuchtturm diente, ein viel gerühmtes und uns allen sehr geläufiges Denkmal der Bautechnik: die ägyptische Pyramide.

Leider liegt gerade von der größten und bekanntesten, der Cheops-Pyramide, was die Ausführung der technischen Arbeit anbetrifft, sehr wenig zuverlässiges Material vor, und was den Zweck dieses großartigen, seinen alten Zauber wohl für alle Zeiten bewahrenden Baudenkmals anbetrifft, so liegt vor ihm immer noch, auch bildlich gesprochen, die große Sphinx. Der Kampf, welcher sich um den Zweck dieses Wunders der alten Welt entsponnen hat: ob es nur als imposantes Grabdenkmal eines ägyptischen Herrschers nach der bekannten und neuerdings immer mehr bestätigten Theorie von Lepsius erbaut war, oder in seinen Abmessungen auch ein den Jahrtausenden übermitteltes normales Längen- und Raummaß der alten Ägypter darstellen und rechnerisch nachgewiesene Beziehungen zur Anzahl der Tage des Sonnenjahres, zur Länge und Lage der Erdachse, sowie zur Erddichte mit Absicht verkörpern sollte — dieser Kampf dürfte heute vielleicht durch Anerkennung beider Zwecke erledigt werden. Er wurde, wie vielen von Ihnen bekannt, schon vor Jahren zum Gegenstand eines interessanten Ingenieurromans „Der Kampf um die Cheopspyramide" von unserem Max von Eyth gemacht.

Wollen wir nun die Cheopspyramide zum Ausgangspunkt einer Richtungslinie unserer Festbetrachtung machen, so können wir sie zunächst rein äußerlich als das höchste uns bisher erhalten gebliebene Bauwerk der alten Welt ins Auge fassen; denn auch als solches war es schon eine technische Leistung ersten Ranges.

Stellen wir nun diesem Bauwerk ein ganz anders geartetes modernes gegenüber, das in unserer Zeit denselben Anspruch erhebt, so wird dabei für viele leider der Schleier der Poesie sofort zerreißen, denn ich nenne — den Eiffelturm zu Paris. Er ist aber nun einmal zurzeit das höchste Bauwerk der Welt, mehr als doppelt so hoch wie unsere viel stimmungsvollere Pyramide, und sein Zweck liegt mit scheinbar brutaler Offenheit zutage.

Mehrere tausend Jahre hatte es gedauert, bis der Ulmer Münster, die Domtürme von Cöln und der Washington-Obelisk jene Pyramide mit ihrer früheren Höhe von 146,5 m um wenige Meter übertrafen. Das weitere Wagnis, von der Höhe des Ulmer Münsters, also von 168 m, auf 300 m beim Eiffelturm, also fast auf das Doppelte überzugehen, war selbst für die technischen Mittel unserer Zeit ein großes; allein es gelang dem französischen Ingenieur mit einer bis jetzt unübertroffenen Meisterschaft und Eleganz.

Zunächst drängt sich ein Vergleich der Massen auf, die nötig waren, um solche Höhen zu erreichen. Die kompakte Steinmasse der Pyramiden ist beim Eiffelturm in ein durchsichtiges Baugerüst, gewissermaßen in ein eisernes Kraftliniensystem aufgelöst. Während die Pyramide sich mit ihrer riesigen Grundfläche an der Erde festzuklammern scheint, hat der Eiffelturm gleichsam die Erdenschwere abgeschüttelt und schwingt sich auf seinen vier weit ausladenden, mit Bogen verbundenen Füßen leicht in die Lüfte. Wenn man seinen gesamten Querschnitt an Eisen in Höhe von $2^1/_2$ m über dem Boden summiert, so ergeben sich nicht mehr als drei Quadratmeter, drei horizontale Quadratmeter für 300 m Höhe! Bei dem eisernen Pariser Turm wird die doppelte Höhe mit nur etwa dem 800sten Teil des Massengewichtes der Pyramide erreicht und der Grund und Boden nicht mehr als mit 2 kg auf den Quadratzentimeter belastet, also nicht mehr wie bei einer Steinmauer von 9 m Höhe.

Die Gefahr mächtiger Stürme hat das moderne, elastische Bauwerk glänzend bestanden, indem die Spitze bisher nur höchstens 15 cm Ausschlag gegeben hat.

Die große künstlerische Schönheit, die in diesem modernen Bauwerk liegt, gerade weil es seinen Zweck in der einfachsten und konsequentesten Weise ausdrückt, ist zuerst von modernen Künstlern erkannt, und manche von uns haben sie vielleicht noch nicht bei der Weltausstellung von 1889, sondern erst 11 Jahre später bei der von 1900 voll gewürdigt und — empfunden.

Das Verständnis solcher technischen Schönheit ist allerdings schwer zu erwerben und setzt mehr technische Kenntnis voraus als bei den einfachen Trag- und Stützformen der herrlichen antiken Baudenkmäler. So schreibt van de Velde: "Wie viel Zeit gebrauchen selbst wir (die Künstler), um die Schönheit der Ingenieurwerke zu begreifen, und wenn nur irgend jemand die Schönheit einer Lokomotive, einer Brücke, einer Glashalle zugibt, lächelt man über den Widersinn dieser Auffassung, die man gern als eine Verteidigung der Modernen ansieht."

Die Frage, ob die alten Ägypter zur Pyramidenzeit, also im dritten Jahrtausend vor Christi Geburt, das Eisen gekannt, wird von der neueren Forschung bejaht: Maspero hat Eisenstücke tief im Mörtel der Pyramidenzeit gefunden: auch zum Arbeitszeug wurde es ebenso wie Bronze gebraucht. Nur kannte man das Gußeisen, wie auch später im Altertum, noch nicht. Hebel, Keil und Flaschenzug haben zur Verfügung gestanden. Daß es sonst Maschinen gegeben, wird verneint.

Die auf ägyptischen und assyrischen Reliefs abgebildeten vorn aufgebogenen Holzschlitten spielten beim Transport der großen Steinblöcke eine wichtige Rolle, ebenso die riesigen, schräg ansteigenden Ziegelwände, auf denen sie in die Höhe geschleift wurden und von denen man noch heute u. a. am Pylon des berühmten Ammontempels zu Karnack ein Beispiel sieht. Betreffs der Art der Erbauung der Pyramiden scheint man heute dem alten Herodot Recht zu geben; es sollen nach ihm 100 000 Sklaven am Bau beschäftigt gewesen sein, das Heranschleppen der Steine soll 3 Monate, der Bau der dazu erforderlichen Straße 10 Jahre und der Bau der Pyramide selbst 20 Jahre gedauert haben. "Man hat wohl angenommen", schreibt neuerdings der bekannte Ägyptologe Erman, "die Baumeister der Pharaonen seien im Besitz einer hoch entwickelten Mechanik gewesen. Indes hat sich nichts gefunden, was uns zu dieser Annahme berechtigt, und kein Sachkundiger zweifelt heute daran, daß alle diese Wunder nur durch eine Kraft vollbracht sind, durch ungezählte und rücksichtslos ausgenutzte Menschenhände."

Der enorme Unterschied im Verbrauch menschlicher Arbeit und Zeit wird genügend charakterisiert, wenn wir anführen, daß beim Eiffelturm, abgesehen von den Fundierungsarbeiten, also lediglich für Aufstellung des Eisengerüstes, im Durchschnitt täglich nur 215 Zimmerleute, Nieter und Monteure, niemals aber gleichzeitig mehr als 450 Arbeiter mit 5 Ingenieuren beschäftigt gewesen sind: also geradezu minimale Zahlen, wenn man bedenkt, daß die ganze Idee erst im Jahre 1886 geboren wurde und schon 3 Jahre später verwirklicht dastand. Die ganze Montage des Eisengerüstes an sich erforderte nur ein und ein halbes Jahr.

Was schließlich die Kosten dieses modernen Bauwerkes anbetrifft, so betragen sie ungefähr 5 Millionen Francs, während die Cheops-Pyramide nach den in diesem Fall allerdings stark bestrittenen Angaben von Herodot allein für die Verpflegung der ägyptischen Sklaven einen Kostenbetrag von etwa 9,4 Millionen Francs, also nahezu das Doppelte, erfordert haben soll.

Wenn zu solchen Leistungen in heutiger Zeit ein wohlorganisierter Betrieb mit Werkzeugmaschinen, Hebevorrichtungen und Holzgerüsten aller Art zur Verfügung stand, der Ihnen, meine Herren, nicht beschrieben zu werden braucht, so ist gerade diese Heranbildung vervollkommneter Werkzeuge an sich ein ganz besonderes Verdienst der heutigen technischen Arbeit gegenüber früheren Zeiten. Und schließlich ist ja auch die Erfindung und Ausbildung der Werkzeuge dasjenige, womit die Technik v o r aller Sprache und Wissenschaft Grundlagen der Kultur geschaffen hat.

Die geistige Arbeit, welche in dem Eiffelturm steckt, läßt sich u. a. durch die Angabe deutlich machen, daß 12 000 Zeichnungen, also „ein Berg von Zeichnungen für diesen Berg von Eisen", nötig waren, und daß die Knotenpunkte der Eisenkonstruktion mit einer Genauigkeit von $1/10$ mm berechnet waren. Der Eiffelturm stellt also gegenüber der großartigen Cheopspyramide eine Vergeistigung der technischen Arbeit gegenüber früheren Jahrtausenden dar, jedoch kaum einen höheren Grad von Unternehmungsgeist, da inzwischen, wie wir andeuteten, alle mechanischen und wissenschaftlichen Hilfsmittel entsprechend gesteigert waren. Jedenfalls lassen wir uns aber die Freude an diesem Meisterwerk der Ingenieurkunst nicht darum nehmen, weil der Zweck kein direkt kultureller, sondern nur der war, das h ö c h s t e Bauwerk sein zu wollen.

Manche von uns haben wohl gelächelt, als sie zum erstenmal nach Amerika kamen und dort den Ehrgeiz und die ausgesprochene nationale Eitelkeit fanden, überall „das größte Ding" in der Welt herzustellen, selbst da, wo ein Bedürfnis für diese Größe absolut nicht vorhanden war. Allein jetzt, wo wir überall die Amerikaner in einem so bewundernswert großen Maßstab arbeiten sehen, begreifen wir wohl, daß in diesem prinzipiellen und konsequenten Streben nach dem Größten und Höchsten auf der Welt eine große erzieherische Wirkung liegt, die sich vom materiellen Gebiete unwillkürlich auch auf das ideelle, z. B. das Unterrichtsgebiet mit seinen großartigen Stiftungen, überträgt. Der Reichtum unserer deutschen Stifter ist in demselben Verhältnis kleiner und seltener, als der Unternehmungsgeist drüben größer und vielseitiger ist.

Will man noch weitere Vergleiche mit der ältesten Zeit, insbesondere in Ägypten ziehen, so läge es nahe, z. B. den vielgerühmten Moerissee dabei zum Ausgangspunkt zu nehmen; doch hat sich dieser nach neueren Forschungen nur als ein dem sumpfigen Fajum im westlichen Nildelta abgerungenes großes Stück Kulturland erwiesen, das durch Dämme vor Überschwemmung geschützt war. Ein großartiges Sammelbecken, wie man früher annahm, riskierten wohl die alten Ägypter mit ihren damaligen technischen Mitteln noch nicht, obwohl das starke Bedürfnis nach einer gleichmäßigeren Versorgung des Landes mit Nilwasser seit Jahrtausenden vorhanden war. Dagegen haben jetzt die Engländer mit ihrem Sammelbecken bei Assuan ein Kulturwerk ersten Ranges von einer bis heute auf diesem Gebiete unübertroffenen Großartigkeit geschaffen. Der See, der durch dieses Stauwerk gebildet wird, kann über 1 Milliarde Kubikmeter Wasser abgeben und damit den zahlreichen ausgetrockneten Kanälen in Unter- und Mittelägypten neue Wasserzufuhr bringen. Es sollen 200 000 ha Land mehr als früher unter Kultur genommen werden, und die dadurch erreichte Erhöhung des ägyptischen Nationalwohlstandes wird auf etwa 300 Millionen Mark berechnet. Von 1898 bis 1902, also nur in etwa 4 Jahren, wurde das Werk mit Hilfe von 13 000 Arbeitern vollendet. Die englische Regierung erobert Ägypten mit diesem Kulturwerk friedlich — und tatsächlich!

Auch im Kanalbau hat sich der hohe Unternehmungsgeist der alten Völker schon frühzeitig hervorgetan. Bekannt ist u. a. das einstige, großartige Kanalnetz von Babylon. Bei einem neueren Forscher — Hilprecht — heißt es, daß die Öde und grenzenlose Zerstörung, welche das heutige Babylon charakterisiere, einen geradezu erschütternden Eindruck mache. „Die zahllosen großen und kleinen Kanäle, welche gleich Nahrung spendenden Adern die fruchtbare Ebene nach allen Richtungen durchströmten und fröhliches Leben und Gedeihen nach jeglichem Dorfe und Felde brachten, sind seit langem mit Schutt und Erde verstopft. Von fleißigen Händen nicht mehr gesäubert und vom Euphrat und Tigris nicht länger gespeist, sind sie nach und nach völlig versandet ... Die sprichwörtliche Fruchtbarkeit und Wohlfahrt Babylons ist zwar nicht vorüber, wohl aber schlafen gegangen."

Dürfen wir im Hinblick hierauf nicht die Frage einschalten: Ist die Technik wirklich, wie vielfach behauptet wird, nur Hilfsmittel der Kultur, oder nicht vielmehr eine ihrer ersten und unentbehrlichsten Grundlagen?

Bekannt sind ferner die früheren Versuche der Pharaonen zur Durchstechung der Landenge von Suez und eines Nero beim Isthmus von Korinth. Nachdem Ferdinand Lesseps der Kanal von Suez gelungen, zählen wir unsern Kaiser Wilhelm-Kanal mit Recht und Stolz zu den besten Ausführungen der Neuzeit. Allein auf diesem Gebiete wird voraussichtlich der Panamakanal, der die Durchschiffung Amerikas in 11 Stunden ermöglichen soll, an Unternehmungsgeist alles andere in den Schatten stellen. Die Bauzeit hofft man nach dem neuen Entwurf von 15 auf 9 Jahre zu ermäßigen, und es ist namentlich diese Kürze der Bauzeit, die bei allen Riesenunternehmungen der Neuzeit im Gegensatz zum Altertum so erstaunlich wirkt. Um so schwieriger tritt nach neueren Nachrichten aus Panama auch dort wieder die Beschaffung der nötigen Arbeitskräfte auf, ganz abgesehen davon, ob eine kontinuierliche Arbeit zu erreichen sein wird. Die sozialen Schwierigkeiten haben alle technischen weit übertroffen!

Wenn noch in den Jahren 1820/21 bei dem Bau des Mahmudijehkanals in Ägypten von 250 000 Fellachen nicht weniger als 20 000 ihr Leben einbüßten, so dürfte doch vielleicht aus der Gegenwart eine kleine Zeitungsnotiz in Erinnerung zu bringen sein, welche die Vorarbeiten für unsern neuen Mittellandkanal betrifft. Es hieß dort:

„Auf Veranlassung des Ministers der öffentlichen Arbeiten v. Budde fand gestern eine Beratung über die bei den neuen Kanalbauten zu treffenden Arbeiterwohlfahrtseinrichtungen statt.... Die Verwaltung habe die Absicht, unter Nutzbarmachung der bei früheren Bauten ähnlicher Art (Kaiser Wilhelm-Kanal, Dortmund-Ems-Kanal, Elbe-Trave-Kanal) gesammelten Erfahrungen, diese Fürsorge soweit wie irgend möglich auszugestalten, um den Kanalarbeitern jede erreichbare Verbesserung ihrer Lage, die verständigerweise gefordert werden könne, zu verschaffen...... Mehrere Vereine und Einzelpersonen hätten ihre Mitwirkung bereits in höchst dankenswerter Weise aus freien Stücken angeboten. Dem Zweck, den sachverständigen Rat der Eingeladenen zu erbitten, diene die heutige Besprechung. Menschenwürdige Behandlung im christlichen Sinne, körperliche und geistige Pflege der Kanalarbeiter sei das im Interesse des einzelnen und der Allgemeinheit zu erstrebende Ziel."

Mit dieser hier nur im Auszug wiedergegebenen Ansprache hat der verewigte Minister v. Budde der Fürsorge unseres Staates, der freiwilligen Fürsorge von Privaten und Vereinen sowie sich selbst ein schönes Denkmal gesetzt, zugleich aber den Charakter unseres Jahrhunderts in der deutschen technischen Arbeit gekennzeichnet! —

Welche Rolle Wasserleitungen und Wasserabführungen aller Art im Kulturleben der Völker gespielt haben ist wohl am meisten bekannt; insbesondere treten hier die Griechen und Römer schon frühzeitig auf. Wie manche unserer Reiseerinnerungen beleben sich im Andenken an die Aquädukte der Römer, und wie unübertroffen großartig steht noch heute die unter Kaiser Claudius geschehene Ableitung der Wasser des Fucinosees da mit dem bekannten unterirdischen Tunnel von etwa $5^{1}/_{2}$ Kilometern Länge!

Und doch wirkt auf uns ein kleines unscheinbares Zeugnis aus der allerältesten Kulturgeschichte vielleicht noch imponierender, und wir empfinden das Staunen und die Bewunderung von Hilprecht nach, als seine Expedition unter der Tempelplattform des alten Turmes zu Babel bei Nippur plötzlich ein etwa 1 m hohes Gewölbe freilegte, in regelrechter Bogenform konstruiert, in dessen Boden zwei Tonröhren von etwa 15 cm Durchmesser eingebettet lagen. „Das Gewölbe", sagt Hilprecht,*) „gehört zweifelsohne in das 5. Jahrtausend und liefert durch die bloße Tatsache seiner Existenz eine weltbeschämende stumme Kritik der Drainierungsverhältnisse der meisten unserer großen europäischen Städte im 20. nachchristlichen Jahrhundert. Man hatte im „Königreich des Nimrod" nicht nötig, das Straßenpflaster jedesmal aufzureißen, wenn irgendwo im Boden eine Röhre geplatzt war."

Nun, meine Herren, so aufrichtig wir die Bewunderung für diese Entdeckung einer der ältesten Tiefbauanlagen der Welt teilen, so glauben wir doch einer zu pessimistischen Auffassung der Leistungen moderner Technik auf diesem Gebiete im Interesse unserer städtischen Ingenieure vorbeugen zu müssen. Denn einer der Hauptgründe, die eine Untertunnelung unserer Straßen für Unterbringung aller der zahlreichen Röhren und Kabel, welche die moderne Zeit gebraucht, nicht zulassen, ist bekanntlich die Explosionsgefahr, die dadurch eintreten kann, daß die in den Kanälen entstehenden oder entweichenden Gase sich an den Laternen der Arbeiter oder an defekten Kabeln entzünden könnten. Sonst existieren aber moderne Abzugskanäle großartigster Art, in denen man auch Wasserleitungsröhren, pneumatische Röhren und Schwachstromkabel untergebracht hat, in verschiedenen europäischen Städten, u. a. in Paris; jedoch sind aus den erwähnten Gründen Starkstromkabel und Gasröhren nicht in dieselben eingelegt. Die Gesamtlänge dieser „Égouts" von Paris ist größer als die Entfernung von Paris nach Berlin und ihr Querschnitt so groß, daß bekanntlich die Fremden darin mit Booten und kleinen Wagen unterirdisch spazieren fahren. Allein diese kleine technische Gegenbemerkung ändert nichts an unserer aufrichtigen Bewunderung vor

---

*) H. V. Hilprecht „Die Ausgrabungen der Universität Pennsylvania im Bêl-Tempel zu Nippur." Leipzig. S. 65.

jenen beiden scheinbar so harmlosen Tonröhren unter dem einstigen Turm zu Babel und an dem Verdienst Hilprechts und seiner Pioniere, sie richtig eingeschätzt und vor Zerstörung bewahrt zu haben!

Da wir, wie Sie sehen, bei der technischen Arbeit von einst und jetzt schon mit 5 Jahrtausenden vor Christi Geburt zu rechnen haben, so werden Sie mir wegen der Kürze der Zeit das Überspringen von einigen Jahrtausenden wohl verzeihen, zumal sich aus den weiteren Ausführungen vielleicht ergeben dürfte, daß der Vergleich technischer Arbeit im Abstand der letzten 5 Dezennien für die heutige Zeit wichtiger und notwendiger ist als der Rückblick auf 5 oder noch mehr Jahrtausende!

Wohl hätte es noch ein hohes Interesse, die technischen Meisterwerke der Griechen und Römer, sowie die Großbetriebe in altgermanischer Zeit in Vergleich zu ziehen, mehr als die weniger bedeutenden Leistungen des Mittelalters, aber sie kommen für die hier heute weiter zu entwickelnden Perspektiven weniger in Betracht. Und wenn wir aus dem Beginn der neueren Zeit noch kurz ein Beispiel heranziehen, so geschieht es nur, weil wir hier zufällig in der Lage sind, zwei technische Arbeiten an einem und demselben Objekt zu vergleichen, nämlich an zwei Obelisken, die aus Ägypten stammen.

Es handelte sich um Versetzung und Aufstellung des berühmten, jetzt vor der Peterskirche in Rom stehenden Obelisken durch den Architekten des Papstes Sixtus V., Domenico Fontana. Wie ein technischer Roman liest sich die eigene Beschreibung dieses Werkes durch seinen Meister. Viele der früheren Päpste, die denselben Obelisken zu versetzen wünschten, waren durch die Bedenken, welche die ersten Ingenieure dagegen erhoben, davon abgeschreckt worden. Schließlich wurde beschlossen, alle Gelehrten, Mathematiker, Architekten und andere tüchtige Männer, die man herbeibringen könnte, zusammenzurufen, damit jeder seine Ansicht über die Ausführung des Unternehmens ausspräche. Endlich siegte Fontana in dieser großen internationalen Konkurrenz, und es gelang ihm, im Verlauf von mehr als 4 Monaten den Obelisken, die sogenannte „Julia", mit zahllosen Umständlichkeiten und feierlichen Zeremonien vor die Peterskirche zu transportieren und am 10. September 1586 mit 40 Göpeln, 140 Pferden und 800 Mann aufzurichten.

Dieser älteren technischen Arbeit steht die schlichte, schnelle und gewandte Leistung eines amerikanischen Seeoffiziers im Jahre 1879 gegenüber, der einen anderen Obelisken aus Heliopolis, der in Alexandrien stand, mit Holz bekleiden ließ und an ihm in Schwerpunktshöhe zwei Stahlplatten mit Schildzapfen einander gegenüber anbrachte. Unter diese Zapfen wurden zwei Lager auf schmiedeisernen Böcken montiert und nun der Obelisk wie ein Kanonenrohr in 37 Sekunden um jene Schildzapfen gedreht. In der wagerechten Lage wurde der Obelisk durch ein Holzgerüst unterstützt, das nach unten abgebaut wurde, alsdann in einem kurzen Wasserkanal zu Meere geführt, dort in den Rumpf eines Dampfers von hinten eingeschoben und glücklich nach Amerika gebracht, wo die „Nadel der Cleopatra" jetzt in dem Zentralpark zu New-York steht.

Welche Entwicklung von Material, Werkzeugen und berechnender Intelligenz liegt zwischen diesen beiden technischen Arbeiten!

Wir Deutsche sind zwar bei dieser Aufteilung der ägyptischen Obelisken nach Rom, London, Paris und Washington zu spät und zu kurz gekommen — es sollen überhaupt nur noch 3 in Ägypten vorhanden sein —; allein wir haben uns auf der letzten Weltausstellung zu Paris einen Obelisken errichtet, der einen höheren Kulturwert als alle ägyptischen Obelisken zusammen besitzt: Es war dort in der Gruppe „Die Arbeiterversicherung des Deutschen Reiches" ein vergoldeter Obelisk aufgestellt von nahezu 15 m Höhe, der die Gesamtentschädigung der deutschen Arbeiterversicherung von 1885 bis 1899 in gemünztem Golde darstellen sollte, und zwar die Summe von 2,4 Milliarden Mark. Inzwischen hat dieser Obelisk noch eine erhebliche Erhöhung erfahren; denn bis zum Einschluß des Jahres 1903 ist diese Summe von 2,4 auf 4 Milliarden Mark gestiegen: auch ein Weltrekord, geleistet vom Staat, den Arbeitgebern und Arbeitnehmern, wobei die Letzteren bereits 1½ Milliarden Mark mehr an Entschädigungen erhielten, als sie an Beiträgen gezahlt!

Wir widerstehen der Versuchung, aus dem Mittelalter noch auf die technisch-wissenschaftlichen Arbeiten Leonardo da Vinci's einzugehen, von denen ja immer noch neue stattliche Bände herausgegeben werden, die den Schöpfer des Abendmahls in seiner Bedeutung als Ingenieur in geradezu überraschender Weise hervortreten lassen. Auch wäre es anziehend, die Verdienste unseres Albrecht Dürer als eines bahnbrechenden Meisters im Festungsbau näher zu betrachten; wir müssen uns indes beeilen und können nur noch kurz eine historische Verbindung mit dem heute für uns wichtigeren Stoff des vorigen Jahrhunderts herstellen, indem wir folgende Übersicht von Professor Schmoller\*) geben:

„Wo in den Staaten des klassischen Altertums aus dem Haus- der Bergwerks-, Plantagen-, Fabriksklave wurde, da entstanden große, wesentlich auf Gewinn bedachte Geschäftsbetriebe. Wie Nikias von Athen 1000 Sklaven in den laurischen Bergwerken hatte, so zählen die sogenannten familiae reicher römischer Ritter und Freigelassener bis 5-, 10 und 20000 Sklaven; es waren halb fürstliche Haushaltungen, halb hart disziplinierte Großunternehmungen, welche Handel, Verkehr und Kredit, landwirtschaftliche und gewerbliche Produktion mit großen Kapitalien und vollendeter Technik zu glänzender Entwicklung brachten, bedeutende Gewinne abwarfen. Das ganze Mittelalter war von Ähnlichem weit entfernt, wenn auch auf einzelnen Fronhöfen und in manchen Klöstern Werk- und Arbeitshäuser mit einem Dutzend Arbeiter und mehr sich fanden. Einzelne größere Handels- und Bankhäuser haben sich dann zuerst in Italien, später im Norden gebildet. Aber im ganzen blieb der kleine, von der Familienwirtschaft beherrschte agrarische, gewerbliche Handelsbetrieb vorherrschend bis in die letzten Generationen .... erst im Laufe unseres Jahrhunderts, und hauptsächlich seit 1850, hat der Großbetrieb

---

\*) Gustav Schmoller „Grundriß der Allgemeinen Volkswirtschaftslehre." Bd. I. S. 428.

eine erheblichere Verbreitung in Westeuropa und den Vereinigten Staaten gefunden."

Wie allgemein anerkannt, ist hier die Mitte des vorigen Jahrhunderts als Beginn einer neuen technischen Ära angegeben, die indes ihre entschiedene Tendenz und Charakteristik und insbesondere den schnellen Fortschritt im Tempo erst seit unserer politischen Einigung, also erst seit etwa 3 Dezennien, erhielt. Beispiellos in der Geschichte der Technik ist, wie oft genug betont, diese Entwicklung weniger Dezennien, und häufig fehlen uns überhaupt die Vergleichsobjekte aus älterer Zeit!

So suchen wir vergeblich nach solchen für unsere ganze große elektrotechnische Entwicklung mit ihrem hoffnungsvollen Sprößling, der elektrochemischen Industrie; ferner für die unsere ganze zivilisierte Welt umspannende chemische Industrie; für die Verflüssigung der Luft, der sich nach Gewinnung ihres Sauerstoffs vielleicht schon bald die technische Verwertung des Stickstoffs aus der Atmosphäre anschließen wird; für unsere modernen Schiffskolosse mit ihrer Vereinigung so vieler Maschinen- und Apparatentypen, mit ihren Meisterleistungen der Hüttentechnik in der Panzerung, ihrer gewaltigen Kruppschen Armierung und drahtlosen Telegraphie; für unsere vielseitige Motorenindustrie!

Hebewerke wie das von Henrichenburg im Dortmund-Emskanal finden wir vor 1850 ebensowenig wie eine Kaiser Wilhelmbrücke, die, ohne daß ein Baugerüst zur Anwendung kam, mit einem einzigen Bogen in 107 m Höhe die Wupper überspannt. Unsere Riesen-Heißdampf- und elektrischen Lokomotiven, unsere glänzend durchgeführten elektrischen Centralen sowie Hoch- und Untergrundbahnen, unsere gerade jetzt im großen Stil beginnende Elektrisierung der Bergwerksbetriebe sowie die Versorgung unserer Industriegebiete auf weiteste Entfernungen mit Licht- und Kraftleitungen aller Art — sie finden in der Mitte des vorigen Jahrhunderts nicht ihresgleichen!

Endlich haben wir ein besonderes Anrecht, hier auch des soeben eröffneten Simplontunnels zu gedenken: stammt doch der Ausführungsplan dieses in allen Sprachen gepriesenen Kulturwerkes von dem genialen Hamburger Ingenieur Alfred

Brandt. Leider war es ihm nicht vergönnt, den Moment zu erleben, wo nach unsäglich mühevoller, siebenjähriger Arbeit in dem heißen Tunnel seine Bohrmaschinen zum letzten Mal angesetzt wurden und der Durchschlag erfolgte. Keine glänzenden Feste würden ihm den Augenblick aufgewogen haben!

Wer vermöchte aber im Rahmen eines solchen Vortrages auch nur den flüchtigsten Überblick über die Höhepunkte der modernen Technik zu geben, zumal wir ja, wie das letzte Riesenwerk schon zeigt, nicht allein auf der Welt sind und es der bedeutenden Resultate technischer Arbeit bei den andern Kulturnationen ebenfalls Legion gibt!

Wir müssen deshalb davon absehen, im Abstand des letzten halben Jahrhunderts Einzelvergleiche anzustellen. Dagegen wird es für uns Ingenieure immer wichtiger, allgemeine Betrachtungen gerade über diese Zeitperiode nicht ausschließlich den Volkswirten zu überlassen, obwohl einzelne von ihnen, wie z. B. Schmoller, dabei mit großer Objektivität zu Werke gegangen sind. Wir haben vielmehr selbst dafür zu sorgen, daß ihnen sowie unsern Staatsleitern ein besseres, umfangreicheres und zuverlässigeres Erfahrungsmaterial aus unserer Praxis zur Verfügung gestellt wird.

Heute können wir nur, lediglich als Anregung, einige Sätze formulieren, die Ihnen allen in der einen oder andern Form längst aus der Erfahrung bekannt sind und die keine unanfechtbaren Thesen darstellen, sondern nur geprüft, verbessert und erweitert sein wollen.

Man kann also vielleicht und unter anderem von folgenden Hauptwirkungen der technischen Entwicklung seit der Mitte des vorigen Jahrhunderts sprechen:

Die schwere Handarbeit wird durch Maschinen und Vorrichtungen aller Art ersetzt oder erleichtert.

Durch neue Motoren aller Art werden die Kraftmittel aus der Natur für den Menschen in ungeheurer Weise gesteigert.

Die bessere Verwertung und Ausnutzung der Naturschätze sowie der Nebenprodukte von verschiedenen Fabrikationen nimmt zu.

Es findet immer mehr eine Teilung der Arbeit durch die Maschine, sowie eine Massenerzeugung billiger Bedarfsartikel statt und damit gleichzeitig eine Steigerung der quantitativen Leistung des Arbeiters.

Durch Einführung besonderer Werkzeugmaschinen wird die Präzision der mechanischen Arbeit auf eine viel größere Höhe erhoben als bei der Handarbeit, und zwar bis zur Auswechselbarkeit aller Teile ohne Nacharbeit von Menschenhand — also eine Steigerung der qualitativen Leistung des Arbeiters.

Bei der Herstellung der kleinsten Gebrauchsgegenstände wie der größten Kulturwerke wird mit einer zunehmenden Ersparnis an Zeit gearbeitet.

Beim Transport der Menschen und Dinge findet ebenfalls ein stetiger Fortschritt in Ersparnis an Zeit und Kosten statt. Der Mensch wird immer weniger abhängig von Raum und örtlichen Entfernungen.

Die menschliche Arbeit steigt im Werte bei gleichzeitiger Abkürzung der Arbeitszeit.

Mit dem Ersatz menschlicher Arbeit wird das dafür in Maschinen und Immobilien angelegte Kapital immer größer.

Die Schwierigkeit, genügende menschliche Arbeitskraft zu erhalten, sowie der steigende Wert der menschlichen Arbeit zwingen zu immer neuen Erfindungen und arbeitsparenden Maschinen.

Trotz der menschliche Arbeit ersparenden Maschinen wird die Nachfrage nach gelernten und ungelernten Arbeitern immer größer.

Endlich darf man wohl im allgemeinen eine Vergrößerung der sozialen Schwierigkeiten gegenüber den technischen feststellen.

Wie schon erwähnt, lassen sich solche Vergleiche noch viele ziehen und sind die genannten nach verschiedenen Richtungen diskutabel.

Eine Gesamtleistung indes, an der die technische Arbeit seit 1850 in erster Linie beteiligt ist, dürfte noch ganz besonders hervorzuheben sein: nämlich, daß unsere deutsche Bevölkerung bei ihrer starken Zunahme von 35 auf über 60 Millionen Menschen (im Jahre 1905), also um ungefähr 25 Millionen, im eigenen Lande Arbeit erhalten hat und jedenfalls in der großen Mehrheit ganz bedeutend besser lebt als früher.

Wenn man sich ferner klar macht, daß jetzt in Deutschland alljährlich etwa 800- bis 900 000 Menschen mehr in den Kampf ums Dasein eintreten, so muß man diese Bevölkerungszunahme eigentlich als die größte „motorische Kraft" ansehen, die es im Staate gibt.

Und wenn man erwägt, daß dieser Menschenstrom sich zum größten Teil immer noch durch die alten Erwerbskanäle drängt, so begreift man zunächst, daß die Durchflußgeschwindigkeit dieses schnell wachsenden Menschenstroms eine größere werden muß und daß dabei auch größere innere Friktionen durch das Drängen und Vorwärtsschieben auftreten müssen als früher. Das Jagen, Hasten und atemlose Arbeiten unserer Zeit ist sonach nicht ein willkürliches und gewolltes oder eine Verschuldung des Maschinenzeitalters, sondern eine Notwendigkeit, die uns durch die schnell steigende Bevölkerung und den dadurch gesteigerten Kampf ums Dasein auferlegt ist!

Wenn der Provinziale in die Großstadt kommt, sieht er durch die Straßen eine viel größere Menschenmenge sich fortbewegen als daheim und wird nolens volens in einem beschleunigten Tempo mit fortgeschoben. Das Tempo des Denkens und Handelns, insbesondere auch in unserer technischen Arbeit, steigert sich also ganz naturgemäß mit der Bevölkerungszahl sowie mit der aus gleichen Ursachen auftretenden größeren Konkurrenz des Auslandes. Wo indes, wie in Frankreich, diese „motorische Kraft" der Bevölkerungszunahme geringer ist, beobachten wir, glaube ich, auch eine geringere Zunahme jenes technischen Tempos, trotz großer Fortschritte in den Naturwissenschaften.

Interessanter und wichtiger aber sind für uns heute andere, vielfach umstrittene Fragen, nämlich: Wird durch Einführung der Maschinen der Arbeiter immer weniger geschickt, wird die Mittelmäßigkeit befördert und der menschliche Arbeiter geistig herabgedrückt, also mehr oder weniger durch die Maschine selbst zur Maschine erniedrigt?

Diese Fragen gehören zu den besonders schwer zu entscheidenden, weil dazu ein so weiter Überblick und eine so gründliche Sachkenntnis gehört, wie sie kaum ein einzelner Fachmann besitzt.

Um aber wenigstens einen Überblick über die Sachlage zu gewinnen, wandte ich mich durch Vermittlung unseres Vereines an eine Reihe von Autoritäten auf diesem Gebiete, und zwar sowohl an Männer der Praxis, als an Hochschullehrer, die noch heute in intimer Fühlung mit ihr stehen. Schon diese kleine improvisierte Privatenquête förderte aus der Fülle vielseitigster Erfahrung ein so reiches und interessantes Material zutage, daß es ausgeschlossen scheint, auf die einzelnen interessanten Ausführungen hier näher einzugehen, sondern nur die Hoffnung besteht, daß unser Verein dieses schätzbare und durch weitere Anfragen noch zu ergänzende Material demnächst eingehender behandeln lassen wird.

Nur der Versuch möge heute noch gemacht sein, einige Hauptmomente aus diesen Urteilen zusammenzustellen:

Es wird allerseits zugegeben, daß ein Rückgang in der Handfertigkeit, namentlich in vielseitiger Geschicklichkeit, stattgefunden hat. Allein dies wird als etwas ganz Natürliches angesehen, das sich von selbst ergibt, wenn die Hand für die bisherigen Zwecke keine Verwendung mehr findet. Die höheren Anforderungen der Technik verlangen, daß das Arbeitsprodukt von der individuellen Geschicklichkeit des Handarbeiters unabhängig wird und eine höhere und gleichmäßigere Qualität besitzt, wofür die Geschicklichkeit des Einzelnen nicht mehr ausreicht.

Eine Räderschneidmaschine, eine automatische Revolverdrehbank, eine Fräse-, eine Rundschleifmaschine führt die ihr obliegenden Arbeiten mit höherer Genauigkeit bis zur völligen Auswechselbarkeit aller Maschinenteile aus, wie sie der tüchtigste Mechaniker der früheren Zeit nicht hätte erreichen können.

Hiermit ist aber keineswegs gesagt, daß dieser Schlosser nun für unser Wirtschaftsleben entbehrlich ist und als solcher verschwinden muß. Diejenige Stelle, die er bisher im Produktionsprozeß eingenommen hat, ist allerdings von einem andern, ungelernten Arbeiter jetzt besetzt, der vielleicht früher in der Landwirtschaft beschäftigt war und in der Arbeit an der Maschine vielleicht schon eine Verbesserung seiner Lage empfindet, nämlich Verringerung der körperlichen Anstrengung oder Schutz gegen ungünstige Witterung. Da aber der Arbeitsprozeß im ganzen ein anderer geworden ist, so hat er dem aus seiner Stelle verdrängten gelernten Schlosser **andere, vielfach höhere Beschäftigungen und bessere Existenzbedingungen**, wenn auch vielleicht an einem andern Ort geschaffen.

Als solche, durch die moderne technische Arbeit entstandenen neuen Arbeitsgelegenheiten, die in ihrer Gesamtheit auch große Arbeitermengen erfordern, sind zu nennen:

Erstens: Die **schwierige Bedienung und Instandhaltung der Kraft- und Arbeitsmaschinen**. Hierbei ist an die Stelle der **manuellen Ausbildung eine Ausbildung der geistigen Fähigkeiten** getreten. Welch ein geistiger Unterschied in der Wartung der Wasserräder, Windräder und Göpel der früheren Zeit gegenüber der Tätigkeit eines Maschinisten im Elektrizitätswerk, dem Führer einer Fördermaschine bei den Bergwerken oder der riesigen Reversiermaschine in den Walzwerken!

Eine zweite neue Kategorie von gelernten Arbeitern hat **Auswahl, Pflege und Nacharbeit der feinen, in den Maschinen arbeitenden Werkzeuge**, z. B. der so vielfach angewendeten Fräsen zu besorgen. Diese Arbeit erfordert so viel Geschicklichkeit und Intelligenz, daß mitunter kostbare Werkzeugmaschinen zeitweilig außer Betrieb bleiben müssen, weil man nicht genügend tüchtige Arbeiter dafür findet.

Eine dritte neue Kategorie umfaßt die in jeder Fabrik nötig gewordenen **Reparaturschlosser** in Reparaturwerkstätten zum Teil großen Stils mit zahlreichem Personal.

Eine vierte neue Kategorie betreibt nicht nur die **Aufstellung einzelner komplizierter Maschinen, Motore und**

Apparate, sondern von ganzen Aggregaten, z. B. von Dampfturbinen mit Kondensatoren und mit gekuppelten Gleichstrom- oder Drehstrommaschinen, die Montage ganzer Apparatensysteme und kleiner Fabrikeinrichtungen. Diese Kategorie erfordert soviel Hilfsmonteure, Monteure und Obermonteure, wie sie keine frühere Zeit gekannt.

Ein objektiver Beweis hierfür ist die stets wachsende Zahl von Werkmeisterschulen und Industriefachschulen, die von der Industrie selbst dringend gewünscht und unterstützt werden, gerade weil sie eine höhere fachliche Ausbildung bezwecken. Eine große Zahl von größeren Werken, z. B. Krupp, Maschinenbaugesellschaft Nürnberg und viele andere, haben sich genötigt gesehen, selbst besondere Lehrlingsschulen einzurichten, um dem Mangel an tüchtigen, gelernten Arbeitern abzuhelfen.

Alle Fortschritte in der Technik der Werkzeugmaschinen, alle Spezialisierungen, sowie die Einführung von Automaten, haben z. B. die Nachfrage nach tüchtigen Maschinenschlossern nicht vermindern können; sie ist so groß wie je zuvor, was u. a. ja auch die Lohnsätze beweisen.

In andern Industrien sind überhaupt nicht die gelernten, sondern im Gegenteil die ungelernten Arbeiter in größerer Zahl verdrängt worden, z. B. in der Transportindustrie, beim Transport von Werkstücken, Zubringung von Material, Ein- und Ausladen von Gütern usw. An ihre Stelle sind aber um so tüchtigere und geschicktere Arbeiter mit schnellerer Umsicht und größerer Überlegung getreten, wie z. B. die Führer von Dampf- oder elektrischen Dreh- oder Laufkranen. Ist es nicht eine wahre Freude, auch für jeden Laien, ihnen bei ihrer Arbeit am Hafen oder auf dem Hofe der Fabrik oder in der Werkstatt zuzusehen?

Aber auch die Herstellung aller dieser komplizierten Dreh- und Laufkrane, sowie aller Motoren und Werkzeugmaschinen beschäftigt doch wiederum eine so große Zahl gelernter Arbeiter, für die es bei der älteren Produktionsweise ähnliche Funktionen überhaupt nicht gab.

Der Hauptgrund, weshalb bei oberflächlicher Betrachtung und beim Besuch von wenigen Fabriken dieses Aufsteigen der technischen Arbeiter in höhere Stufen nicht erkannt wird, liegt darin, daß es durchaus nicht immer in einer und derselben Spezialität oder Fabrik stattfindet, wo durch Einführung von Maschinen eine größere Zahl gelernter Arbeiter entbehrlich geworden ist. Denn genügt diese Beschäftigung den geistigen Anlagen des Arbeiters oder dem Grade seiner Geschicklichkeit nicht, so findet eben ein Übergang in andere Spezialitäten, vielfach auch nach andern Orten statt.

Als ein äußerer Beweis, daß im großen und ganzen ein allmähliches Aufsteigen der technischen Arbeiter bei uns in Deutschland stattfinden muß, dürfte es anzusehen sein, daß ein immer größerer Zuzug ungelernter Arbeiter aus den Nachbarländern stattfindet. So wurde kürzlich die überraschende Tatsache aus Baden berichtet, daß dort zurzeit schon 16 000 italienische Arbeiter beschäftigt seien. Im Ruhrkohlenrevier sind zuletzt 19 000 Arbeiter aus Österreich, Rußland und Italien gezählt, und man hat in den Bergwerken trotzdem noch direkten Arbeitermangel, weil die einheimischen Arbeiter nach den Maschinenfabriken abströmen und dort eine bessere und höhere Beschäftigung suchen. Von den Maschinenfabriken aber strömen wiederum die tüchtigsten Elemente nach den zahlreichen Zentralen für Licht, Wärme und Kraft in kommunalen oder Privatbetrieben ab, so daß gerade in den Maschinenfabriken über diesen Abzug nach höheren und selbständigeren Stellungen geklagt wird.

Da sich nun ganz unzweifelhaft außer den vorher genannten neuen Arbeitsgebieten noch manche andere mit höheren Ansprüchen an geistige Betätigung finden dürften, jedenfalls aber kein Zuströmen gelernter, sondern nur ungelernter Ausländer bekannt geworden ist, so wird offenbar der Bedarf an geistig höher stehenden Arbeitern aus dem Inlande gedeckt, d. h. also mit andern Worten, unsere Arbeiter erlangen zu einem großen Teile höhere Fertigkeiten mit höheren Ansprüchen an geistige Betätigung!

Unsere Gewährsmänner stimmen deshalb alle, soweit sie diese Frage überhaupt berühren, darin überein: daß, wenn es heute möglich wäre festzustellen, welchen Bruchteil der gesamten deutschen Arbeiterschaft die gelernten Arbeiter z. B. in der

Maschinenindustrie vor 40 oder 50 Jahren, und welchen Bruchteil die ungelernten Arbeiter ausmachten, so ergäbe sich gegen heute wahrscheinlich eine Abnahme der ganz ungelernten und höchstwahrscheinlich eine Zunahme der gelernten Arbeiter!

Außerdem ist zu beachten, daß die Entwicklung der neueren Werkzeugtechnik immer mehr dahin geht, anstelle der halb-automatischen Maschine die ganz-automatische zu setzen, so daß sich bei dieser die rein mechanische und vom Arbeitstempo der Maschine abhängige Tätigkeit des Arbeiters, z. B. bei dem schnellen Einlegen halbfertiger Teile — halbfertiger Schrauben, Muttern, Stifte usw. — umwandelt in ein verhältnismäßig seltenes Einschütten solcher Teile in einen Aufgabetrichter, wobei der Arbeiter also nicht mehr gewissermaßen nur ein Zwischenglied der Maschine ist.

Die Vervollkommnung der Maschinen nimmt also dem Arbeiter immer mehr alle körperlich schwere, mechanische und sich in geisttötender Weise wiederholende Arbeit ab, hebt in vielen neuen Arbeitskategorien sein geistiges Niveau und fördert sein Wohlbehagen in der Werkstatt und seine Genußfähigkeit außerhalb derselben.

Wir glauben deshalb Grund genug zu haben, energisch Protest gegen die allgemeine und oft wiederkehrende Behauptung einzulegen, daß die moderne Technik den Menschen zum Sklaven der Maschine mache, oder, wie es neuerdings auch heißt: eine „Entgeistigung" der menschlichen Arbeit herbeiführe!

Außer den schon angeführten mögen noch einige frappante Beispiele, die Ihnen allen geläufig sind, unsere gegenteilige Auffassung stützen:

Ist etwa die Näherin geistig herabgestiegen, seit sie an der Nähmaschine arbeitet und nicht mehr als gewöhnliche Handnäherin ihren Lohn verdient?

Hatte der Lampenputzer der alten Zeit, der die Öllaterne auf der Straße bediente, mehr geistige Fähigkeiten zu entwickeln als sein moderner Kollege, der die Gasglühlichtstrümpfe der Gaslaternen oder die Kohlenstifte der elektrischen Bogenlampen auswechselt und einreguliert oder die Konsumenten seiner Zentrale von „Volts" und „Ampères" unterhält?

Ist etwa die Arbeit des Kutschers entgeistigt, der noch heute auf der Landstraße auf seinem Bock schläft oder in der Stadt das Droschkenpferd bändigt, gegenüber dem Führer des elektrischen Straßenbahnwagens oder der Lokomotive oder gar des Automobils?

Daß unsere Bevölkerungszunahme in Verbindung mit der schnellen industriellen Entwicklung vielfache und oft erörterte tiefe Schäden mit sich gebracht hat, auch in der technischen Arbeit selbst, leugnet kein wahrheitsliebender Mann; allein dem stehen u. a. die vorher angedeuteten erfreulichen Momente sowie namentlich auch die Tatsache gegenüber, daß wir noch mitten in der Entwicklung stehen, die zielbewußt dahin geht, die sozialen Mängel, soweit es technisch und wirtschaftlich angeht, zu beseitigen und die Erlösung der Menschheit von schwerer körperlicher und ungesunder Arbeit immer weiter durchzuführen. Dazu kommt, daß die Lebenshaltung und Bildung unserer Arbeiterschaft in gewaltigem Aufsteigen begriffen ist, und wenn wir auch weit davon entfernt sind, dies der Technik allein zuzuschieben, sondern in erster Linie unser gutes staatliches Erziehungswesen, sowie auch die Selbstfortbildung der Arbeiter daran beteiligt wissen, so hat doch jedenfalls die moderne Technik diesen Fortschritt nicht nur nicht gehemmt, sondern ebenso unzweifelhaft mit gefördert. Und nachdem jetzt die sozialen Schäden klarer erkannt sind, wird sie dies in Zukunft jedenfalls in steigendem Maße tun — sofern nicht die Massen selbst es sind, welche durch ihre Lohntarife usw. einen Rückschritt in der Tüchtigkeit und Leistungsfähigkeit und eine Stabilisierung der Mittelmäßigkeit herbeiführen.

So sehr wir nun aber auch das aufrichtigste Interesse an der geistigen und sittlichen Hebung unserer Arbeiter nehmen und der behaupteten allgemeinen Entgeistigung ihrer Arbeit auf das entschiedenste widersprechen, so wird es auf der anderen Seite doch höchste Zeit, auch die höheren geistigen Faktoren, und zwar die schöpferischen und in erster Linie produktiven, welche heute im industriellen Leben tätig sind, richtiger einzuschätzen!

Denn wenn man sieht, wie heute selbst in Schriften, deren Urheber nicht direkt der Sozialdemokratie angehören, geradezu ein „Jonglieren" mit deren Lieblingsschlagwörtern: Proletariat, Bourgeoisie und Kapitalismus getrieben wird, so kann man sich nicht wundern, wenn manche Gebildeten schließlich auf den Gedanken kommen, daß es zur Betreibung einer Industrie nur darauf ankomme, auf der einen Seite das berüchtigte „Kapital", also den bloßen Geldsack, auf der anderen Seite den allein produktiven Proletarier oder Lohnarbeiter zu haben, zwischen denen dann nur noch der nutzlose, aber höchst gefährliche Bourgeois steht.

Welche schöpferische geistige Arbeit, die den Körper ebenfalls stark in Mitleidenschaft zieht, welche Kenntnis und Initiative aber notwendig ist, um das an sich tote Kapital zu befruchten, wie schwer das Arbeitgeben, ganz abgesehen von seinem Risiko, und wieviel leichter das Arbeitnehmen ist: das ahnen die meisten Außenstehenden nicht oder wollen es nicht wissen!

Schon die Auswahl und Beschaffung der berühmten „Produktionsmittel", die nach Ansicht mancher das leichteste Ding von der Welt ist, „wenn man nur Geld hat", ist derart schwierig und setzt so vielseitige Kenntnisse und Erfahrungen voraus, daß es häufig schon von diesen ersten Dispositionen des Unternehmers, z. B. von Wahl und Anordnung der Maschinen, Lage und Verbindung der Gebäude untereinander usw., abhängt — bevor noch irgend ein Arbeiter zur Stelle ist —, ob sich eine Fabrik verzinsen kann oder nicht. Ja, schon der Zeitpunkt der Neugründung sowie namentlich auch der Ort des Unternehmens sind von ausschlaggebender Bedeutung, ob z. B. die Transportkosten auch im richtigen Verhältnis zu den übrigen Produktionskosten stehen usw. Ist diese vielseitige, grundlegende geistige Arbeit des „Bourgeois" nicht richtig geleistet, steht sie nicht durch Wissen, Erfahrung und Talent auf der Höhe der Zeit, so können Tausende der besten gelernten Arbeiter das Unternehmen nicht vom Untergang oder von langem Siechtum retten und das Kapital produktiv machen.

Und dazu kommt die andauernde und von Jahr zu Jahr steigende Sorge um Beschaffung neuer Aufträge, um also Arbeit geben zu können, wofür bei manchen Industrien ein ganzes Heer intelligenter und gewandter Kaufleute unterwegs sein muß oder kostspielige Zweigbureaus in aller Herren Ländern unterhalten werden. Dazu kommt die nimmer rastende geistige Arbeit und Erfindungskraft für Verbesserung der Betriebseinrichtungen und Maschinen.

Wie schwierig die Kunst des Arbeitgebens ist, das beweist am besten der überaus hohe Prozentsatz nicht rentierender oder trotz ehrlicher Arbeit zu Grunde gegangener Unternehmungen, also verlorenen Kapitals. Doch das ist Ihnen allen ja zur Genüge bekannt, muß aber bei der technischen Arbeit von heute doch als eine Hauptsache wenigstens angedeutet werden.

Aber an dieser Befruchtungsarbeit des Kapitals sind nicht etwa nur die technischen und kaufmännischen Direktoren beteiligt, sondern es ist dabei auch der großartigen Unternehmungen unserer deutschen Bankinstitute zu gedenken, deren Leiter in vielen Fällen geradezu die Organisatoren der technischen Arbeit geworden sind. Wir erinnern nur kurz und unvollständig an ihre bekannter gewordenen ausländischen Unternehmungen, wie die Anatolischen Bahnen, die Bagdadbahn, die Bahnen in Ägypten: Keneh-Assuan und Luxor, in Transvaal, Ost-, West- und Südwestafrika, in Venezuela und Shantung.

Wie viel Initiative, Umsicht und diplomatisches Geschick, wie viel wagemutiger und trotzdem solider Unternehmungsgeist steckt in solchen neu begründeten Gesellschaften, wie viel Arbeitsgelegenheiten schaffen sie aus dem an sich toten Kapital für die Industrie und alle ihre Mitarbeiter! Und dazu kommt noch mit an erster Stelle die große mühevolle Arbeit unserer Diplomatie und hohen Staatsbeamten in langwierigen, schwierigen Sonderabkommen, Handelsverträgen oder monatelangen Konferenzen!

Aber nicht nur die geistige Arbeit und schöpferische Initiative aller dieser Instanzen, nein, was noch bezeichnender ist, auch die Gesamtsumme geistiger Energie, die in den heutigen Fabriken in den Zwischenstufen der Beamten, vom Oberingenieur und Chemiker bis zum Meister, ferner durch alle Stufen der kaufmännischen Beamten hindurch geleistet wird, ignoriert man für gewöhnlich, damit vor allen Dingen auch an der Theorie nicht gerüttelt werde, daß es unüberbrückbare Klassengegensätze gäbe und überhaupt nur zwei Klassen, nämlich den „Ausbeuter" und den „Arbeiter".

Um nun aber wenigstens zahlenmäßig einmal den Vergleich anzustellen, wie groß verhältnismäßig die Zahl der Beamten ist, welche mit ihren Führern die wirkliche Hauptarbeit, nämlich die geistige, in modernen Großbetrieben leisten, habe ich bei einer Anzahl von Verwaltungen, die allgemein als Muster und Typen gelten, angefragt, wie sich die Zahl ihrer Direktoren und der übrigen Beamten in den verschiedensten kaufmännischen und technischen Stufen (einbegriffen die Meister) im Vergleich zur Zahl ihrer Lohnarbeiter stellt. Ausführliche statistische Mitteilungen kann man selbstverständlich in einem Vortrage nicht machen, und ich beschränke mich deshalb darauf, lediglich eine ganz kurze Übersicht darüber zu geben, und zwar in absteigender Reihenfolge der Arbeiterzahl, die auf je einen Beamten kommen, wobei alle Beamten, vom Direktor bis Meister, zusammengerechnet sind.

Hiernach kommt in
Stahl- und Hütten-
 werken . schon auf etwa 30 bis 26 Arbeiter ein Beamter,
Spinnereien . . . „ „ 18 „ 15 „ „ „
Webereien . . . „ „ 12 „ 10 „ „ „
Schiffswerften . . „ „ 16 „ 8 „ „ „
Maschinenfabriken „ „ 12 „ 4 „ „ „
Gasgesellschaften . „ „ 9 „ 4 „ „ „
Chem. Fabriken . „ „ 7 „ 6 „ „ „

Bei Bergwerks- und Elektrizitätsgesellschaften ließen sich klare Ziffern nicht so leicht erreichen, weil bei ihnen einerseits die Syndikatsbeamten und andererseits die vielen Zweigbureaus wesentlich mitsprechen.

Interessant dürfte es sein, hiermit den großartigen technischen Betrieb unseres Heeres zu vergleichen, und zwar indem man sämtliche Offiziere, Ärzte, Unteroffiziere und sämtliche Beamten zusammenfaßt; alsdann kommen auf einen dieser Offiziere und Beamten je 4 bis 5 Gemeine, also ungefähr dieselbe Zahl wie in solchen Maschinenfabriken, die ein besonders großes Personal erfordern. Beim Militär dürfte hierbei die Verwaltung der großen Kriegsvorräte eine besondere Rolle spielen.

Diese kurze unvollständige Übersicht sollte nur Veranlassung bieten: den Arbeitsanteil, den die geistigen Arbeiter an sogenannten kapitalistischen Unternehmungen haben, wenigstens einmal zahlenmäßig, quantitativ, zu untersuchen — wobei also die Einschätzung der geistigen Qualität, die unmöglich ist, von selbst unberücksichtigt bleibt. Schon diese Zahlen, die vielleicht manchen überraschen, lehren, wie sehr der Anteil der Lohnarbeiter an der Gesamtarbeit der Industrie schon der bloßen Zahl nach überschätzt wird!

Auf alle Fälle aber bleibt eine bessere Einschätzung und Würdigung unseres ausgezeichneten und zuverlässigen technischen und kaufmännischen Beamtenpersonals in Deutschland eine Pflicht der Gerechtigkeit, die niemandem mehr am Herzen liegt als den Leitern unserer industriellen Großbetriebe selbst!

Wenn man aber schon die großen Mittelstufen der geistigen Arbeit und ihren gesamten Generalstab bei den heutigen Unternehmungen, sowohl des Handels als der Industrie, einfach ignoriert, teils aus Unwissenheit, teils aus Absicht, so nimmt es nicht Wunder, daß die Auffassung über die Stellung und Leistung des Unternehmers selbst, wie wir bereits andeuteten, eine nicht minder einseitige, verfehlte und ungerechte ist.

Man begeistert sich gern für den Unternehmungsgeist unserer Zeit, man verlangt mit Recht seine Betätigung in großem Stil; allein das Wort „Unternehmer" wagt man kaum auszusprechen. Sieht man bei dieser Geringschätzung von einer vielleicht starken Dosis „Mißgunst" ab, die gerade unserm deutschen Volkscharakter nicht fern zu liegen scheint, — Kaiser Wilhelm II. hat ja schon vor Jahren einmal an das „propter invidiam" erinnert —, so mag bei vielen, die guten Glaubens sind, vielleicht der Umstand zur Diskreditierung des Namens beigetragen haben, daß sich in demselben die denkbar verschiedensten Begriffe, Personen und Berufsarten vereinigen. Denn wenn man berücksichtigt, daß ein „Unternehmer" ebensowohl 10 oder 50 Arbeiter als 10 000 beschäftigen, sowohl Landwirtschaft als Industrie oder Handel betreiben, der Staat selber oder ein deutscher Fürst sein kann, ja daß man neuerdings sogar noch die besonders beliebte Form des Automobil-„Betriebsunternehmers" hinzugefügt hat, so kann sich schließlich jeder aus dieser Fülle von Gesichtern, sowie aus allen darunter vorhandenen geistigen und moralischen Abstufungen die „bête noire" heraussuchen, die er gerade für seine Zwecke braucht. Irgend einen herzlosen „Ausbeuter" wird er sicherlich in seiner Erinnerung darunter finden, und von den andern schweigt der unhöfliche Sänger.

Wie wird man auch hierbei wieder an den genialen Wirklichkeitssinn Bismarcks erinnert, der u. a. einmal bei einem Tischgespräch, nach Poschinger,*) äußerte:

„Die Unzufriedenheit der Arbeiter, c'est une fièvre violente; die Unzufriedenheit der Kapitalisten, das ist eine langsame, aber schwere Krankheit des Staates, und diese ist weit schlimmer als die erste; denn sie stört den Blutumlauf im Organismus selbst. Eine Fabrik und ihr Bestehen hängt nicht von den Arbeitern ab, sondern von den Unternehmern, und mit diesen muß man rechnen; denn es ist schlimm, wenn sie sich zurückziehen."

So weit der große nationale Arbeitgeber Bismarck!

Aber auch die wissenschaftliche Würdigung der Unternehmer ist aus den früher genannten Gründen zum Teil höchst subjektiver Art. Wir würden es deshalb für ein Verdienst der Wissenschaft ansehen, wenn wenigstens einmal der Versuch gemacht würde, die Unternehmer zu klassifizieren, und zwar so, daß die Benennungen nicht nur den Gelehrten, sondern auch den Gebildeten im allgemeinen verständlich und geläufig werden könnten. Vielleicht würde dann auch das ebenso unklar gebrauchte Wort „Bourgeois" wieder aus der deutschen Sprache verschwinden!

---

*) Neue Tischgespräche Bismarcks. S. 299.

Ebenso verdienstvoll dürfte es sein, der so viele Gebildete irreführenden Verwechslung oder Identifizierung des „Kapitalisten" mit dem „Unternehmer" ein Ende zu machen. Professor Ehrenberg aus Rostock sagt mit Recht:

„Es wird vollkommen verkannt, daß der Unternehmer als solcher kein Kapitalist ist, sondern ein Kopfarbeiter, der durch hohe Anspannung seiner Willens- und Verstandeskräfte Unternehmungen begründet und leitet.

Die Verkennung der entscheidenden Bedeutung dieser Unternehmerarbeit durch unsere Sozialreformer, wie überhaupt durch einen großen Teil unserer Gebildeten, besonders der Jugend, die sich darin bekundende **Verkennung der elementaren Existenzbedingungen wirtschaftlicher Unternehmungen**, sie hat es hauptsächlich verschuldet, daß bei uns zwischen Bildung und Besitz die tiefe Kluft entstanden ist, welche die Widerstandsfähigkeit unserer bürgerlichen Gesellschaft gegenüber dem Sozialismus immer mehr schwächt und den Boden bereitet für schwere Erschütterungen unseres ganzen nationalen Daseins."

Aus allen diesen Gründen darf es auch von unserem Verein mit Freude begrüßt werden, daß der gedachte Volkswirt den Gedanken zur Durchführung zu bringen sucht, einzelne Großunternehmungen nicht nur in ihrem finanziellen Werdegang zu untersuchen, sondern auch den ganzen Aufwand an geistiger und moralischer Energie, der in ihnen steckt, mitzuerforschen.

So liegt jetzt von ihm ein erster und, wie wir hoffen wollen, bahnbrechender Band vor, der „**die Unternehmungen der Brüder Siemens**" schildert; er soll keine Lebensbeschreibung der Menschen, sondern der **wirtschaftlichen Unternehmungen** bringen. Diese Absicht scheint im vorliegenden Falle auf Grund eines zur Verfügung gestellten ausgezeichneten Materials, u. a. auch des vertraulichen Briefwechsels Werners von Siemens mit seinen Brüdern, trefflich gelungen!

Bieten solche Lebensbeschreibungen moderner Unternehmungen an sich schon wichtige Beiträge zur Geschichte der Technik überhaupt, so gewähren sie andererseits für die Fortentwicklung unserer Volkswirtschaftslehre die so nötigen festen und wirklich tiefgründigen Fundamente, an denen es bei der Abstraktion volkswirtschaftlicher Theorie und dem gewöhnlich viel zu weit umfaßten Stoff so sehr fehlt. Natürlich können solche „Senkbrunnen" in das technisch-wirtschaftliche Gebiet, wie man sie nennen könnte, an sich noch kein zusammenhängendes Fundament geben; sie müssen erst ziemlich zahlreich sein, ehe man von Brunnen zu Brunnen sichere Gewölbe schlagen und darauf eine zuverlässige Theorie aufbauen kann.

Auch wäre es freudig zu begrüßen, wenn nach dem Vorbilde von Werner und Wilhelm Siemens Männer, die mit großen Erfolgen bahnbrechend in der Technik gewirkt haben, ihr Lebenswerk als Unternehmer selbst schildern wollten. Wir würden dadurch eine technische Memoirenliteratur erhalten, die für die Geschichte der Kultur nicht minder wertvoll werden könnte, als wie die vom Leben unserer Diplomaten, Militärs, Schriftsteller und Künstler.

Wenn sich jene vorher genannten Lebensbeschreibungen von Unternehmungen, wie unerläßlich, auch auf Aktienunternehmungen erstrecken, so dürfte sich u. a. auch folgendes ergeben:

Es wird vielfach geklagt, daß bei Umwandlung alter berühmter Privatunternehmungen in Aktiengesellschaften das persönliche Element und die persönliche Qualität der Leiter verloren ginge und auch das Verhältnis zu den Beamten viel lockerer würde. Dies ist nur bedingt und keineswegs in allen Fällen wahr oder eine notwendige Folge der Form der Aktiengesellschaft. Wenn auch der Name des Direktors einer Aktiengesellschaft oft hinter der Firma der Gesellschaft verschwindet, so drückt ihr doch nach wie vor jede wirklich leitende Persönlichkeit den Stempel auf, u. a. durch persönliche Auswahl und Heranbildung der maßgebenden technischen und kaufmännischen Beamten, sowie durch deren möglichst homogene Zusammensetzung. Nach wie vor bleibt auch bei der Aktiengesellschaft die Qualität des Personals eine direkte Funktion der leitenden Persönlichkeit, und wenn mehrere Direktoren an der Spitze stehen, so wird dies immerhin oft von den

Abteilungen gelten können, denen sie vorstehen und die an sich vielleicht größer sind als manche frühere Einzelfabrik. Ja, ein wichtiges soziales Moment ist bei der Aktiengesellschaft sogar günstiger: das Aufsteigen in die höheren Stellen wird bei ihr viel mehr erleichtert als bei den Privatunternehmungen, wo ganz naturgemäß in der zweiten oder dritten Generation die Söhne, Schwiegersöhne und Enkel immer mehr erste Stellen innehaben und sich deshalb gerade die besten Beamten vor einer unübersteigbaren Mauer sehen.

**Gerade dieses Aufsteigen durch eigene Tüchtigkeit vom Arbeiter oder einfachsten Beamten bis zum Betriebsleiter ist aber einer der erfreulichsten Züge in dem ganzen heutigen wirtschaftlichen Leben.** Es ist durchaus unrichtig, immer nur einige wenige berühmte Namen der ersten industriellen Generation aus der Mitte des vorigen Jahrhunderts als Beispiele dafür zu nennen; die Liste von denen, die es in den letzten Jahrzehnten der Industrie aus kleinsten Verhältnissen zu ähnlich bedeutenden Stellungen und industriellen Schöpfungen gebracht, ist so groß, daß ich darauf verzichten mußte, sie hier, wie anfänglich beabsichtigt, wiederzugeben. Schon aus unserem Verein ließe sich die Liste nur schwer vollständig machen!

Aber nicht nur für die wissenschaftlich Vorgebildeten ist heute Licht und Luft zu schneller Entwickelung vorhanden, sondern in einer großen Zahl von Unternehmungen wird die höhere Ausbildung der Arbeiter und unteren Beamten planmäßig betrieben. Außerdem sind außer den allgemeinen Fortbildungsschulen in Deutschland nahezu 3000 gewerbliche Fortbildungs-, Fach- und Handelsschulen vorhanden, die vom Staat oder den Städten begründet, von Industrie und Handel meist angeregt, unterstützt und mitverwaltet werden, sodaß jeder Strebsame aus den unteren Schichten des Volkes eine Ausbildung erhalten kann, die ihn nicht nur fachlich, sondern auch durch Unterricht in allgemeinem Wissen in den Stand setzt, vom Arbeiter, Vorarbeiter und Meister zum Betriebsleiter emporzusteigen. Es wäre deshalb wohl empfehlenswert, wenn auch andere Fachschulen es ebenso machten wie die Königlich Preußische Maschinenbau- und Hüttenschule in Duisburg, die am Schlusse des Jahresberichtes für 1904 ihre sämtlichen mit dem Reifezeugnis entlassenen Schüler zusammenstellt und danebensetzt, was die Betreffenden inzwischen geworden sind. Man ist dabei freudig überrascht, wie relativ groß die Zahl derjenigen ist, die es zu Betriebsführern oder anderen leitenden Stellungen gebracht haben.

Wir sympathisieren deshalb aus vollster Überzeugung mit den Worten, die vor kurzem in diesem hohen Hause der preußische Minister des Innern, v. Bethmann-Hollweg, gesprochen:

„Ich erblicke in dem Streben der Schwachen des Volkes, emporzusteigen, ein großes, vielleicht das größte und edelste Gesetz der Menschheit, und auch an der Verwirklichung dieses Gesetzes mitzuarbeiten, muß ein Stolz für jeden Starken sein."

Nun, meine Herren, das Deutsche Reich und seine Unternehmer sind auf dem besten Wege dazu! Denn wenn nach der sogenannten „Ehrentafel" des Organs des „Zentralvereins für das Wohl der arbeitenden Klassen" allein in den letzten 5 Jahren 425 Millionen Mark an freiwilligen Wohlfahrtsspenden im Deutschen Reich gestiftet worden sind, so haben sich darunter die freiwilligen Zuwendungen von privaten Arbeitgebern für Arbeiter von 20 Millionen Mark im Jahre 1901 auf 61 Millionen Mark im Jahre 1905, also in 5 Jahren auf mehr als das Dreifache gesteigert!

Auch böse Erfahrungen werden den deutschen Industriellen nicht abhalten, wie bisher, dem Arbeiter hilfreich die Hand zu reichen, der mit Tüchtigkeit und Fähigkeit emporsteigen will und bei dem es nicht heißt: Erst die Ansprüche und dann die Leistungen!

Nicht minder aber sympathisieren wir mit der Fortsetzung der erwähnten ministeriellen Kundgebung, die besagt:

„Aber dieses Streben darf nicht den völligen und ausschließlichen Inhalt unseres Lebens bilden. Parallel muß das Streben gehen, die besten und edelsten Kräfte, die ein Volk, und darüber hinaus, die Menschheit zu produzieren vermag, zu Führern des Lebens zu machen."

Ja! Auch wir halten eine Nivellierung und Massenherrschaft, insbesondere auch in der Technik, für den Tod jedes höheren Fortschrittes. Denn dieser kann wie in der technischen Arbeit an sich, so auch in ihrer geistigen Befruchtung nur durch immer stärkere Differenzierung erreicht werden. Wir hoffen deshalb auch, daß die öffentliche Meinung allmählich von der Überschätzung der Lohnarbeit zurückkommen und die ausschlaggebende Bedeutung der geistigen Arbeit und ihrer Führer als eine Notwendigkeit auch für die industrielle Existenz unseres Volkes anerkennen wird — wie dies einst Bismarck getan.

Und wenn dann einmal wieder in Berlin eine Gewerbeausstellung stattfinden sollte, so wird man es nach den inzwischen gemachten Erfahrungen vielleicht nicht mehr wie vor zehn Jahren für ein zutreffendes Bild halten: das, was die Mark Brandenburg auf ihrem dürftigen Boden durch gewerblichen und industriellen Fleiß geleistet, nur durch eine Arbeiterhand darzustellen, welche den märkischen Sand durchbricht und den Hammer titanenhaft gegen den Himmel reckt, — so ausgezeichnet künstlerisch dieses Plakat auch gelungen war!

Nach dieser, auch im Anklang an die Meunier-Ausstellung erklärlichen Abschweifung lassen Sie uns beim Vergleich der technischen Arbeit von einst und jetzt auf ein anderes Gebiet übergehen und noch einen der Hauptgründe klarstellen, der die alte und neue Arbeitsweise unterscheidet. Und da gilt allgemein und mit vollstem Rechte die steigende Durchdringung der Technik mit der Wissenschaft und der wissenschaftlichen Methode als eine Hauptursache ihrer Erfolge.

Technik und Wissenschaft sind zwar stets seit den ältesten Zeiten Hand in Hand gegangen; noch die jüngsten Publikationen über Leonardo da Vinci erinnern daran, ebenso wie u. a. die Namen Archimedes, Vitruv, die unbekannten Pyramidenbaumeister und die Resultate der orientalischen Ausgrabungen es beweisen. Allein das wissenschaftliche Wissen ist jetzt mehr verbreitet und vertieft, so daß nicht nur die Führer der Technik, sondern ein ganzer Generalstab tüchtiger Beamten damit ausgerüstet ist.

Und nirgends ist diese Tatsache frühzeitiger erkannt und freudiger anerkannt worden, als in unserm Verein seit Grashofs Zeiten her. Es würde uns deshalb auch nicht im mindesten aus dem Gleichgewicht bringen, wenn gerade bei uns Deutschen der direkte Einfluß der Wissenschaft gelegentlich überschätzt würde, selbst wenn es von einem deutschen Botschafter in Amerika geschähe. In letzterem extremen Falle — wo bekanntlich die Ingenieure bei Erörterung der Erfolge der Industrie ganz eliminiert wurden — konnten uns ja allerdings schon die lauten Proteste der angesehensten Zeitungen sowie im übrigen das allgemeine Schütteln des Kopfes genügen! Allein etwas anderes ist es, wenn dies nicht gelegentliche, zufällige Erscheinungen sind, sondern wenn die Ingenieurtechnik und Industrie sowohl von maßgebenden, ihr durchaus wohlwollenden Seiten, als auch in der Literatur immer mehr als „latente Kräfte" unter den Erfindungen der Chemie und Physik mitgedacht, oder wenn sie bei den Naturwissenschaften gewissermaßen nur in Klammern mit aufgeführt werden, ja wenn sich eine solche irrige Auffassung sogar schon in der Wissenschaft zu einem bestimmt ausgesprochenen Axiom verdichtet.

So wird in einem viel zitierten neueren Werke der Volkswirtschaft,*) das im übrigen voll Anerkennung für die Leistungen der modernen Technik ist, zunächst ausgeführt: daß die moderne Technik in erster Linie auf der Anwendung der Naturwissenschaften beruhe und auf der dadurch bewirkten Umwandlung des empirischen in das wissenschaftliche oder rationelle Verfahren; alle frühere Technik, so Wunderbares sie auch geleistet habe, sei empirisch gewesen, d. h. hätte auf der persönlichen Erfahrung beruht, die von Meister zu Meister, von Geschlecht zu Geschlecht übertragen worden sei, und nach weiterer Ausführung dieser Verhältnisse fährt der Verfasser fort:

„In dieses Halbdunkel frommen Wirkens fällt nun der grelle Schein naturwissenschaftlicher Erkenntnis. Das kühn herausfordernde „ich weiß" tritt an die Stelle des bescheidenstolzen: „ich kann". Ich weiß, warum die hölzernen Brücken-

---

*) Werner Sombart: „Die deutsche Volkswirtschaft im 19. Jahrhundert. Berlin. S. 156 u. f.

pfeiler nicht faulen, wenn sie im Wasser stehen; ich weiß, warum das Wasser dem Kolben einer Pumpe folgt; ich weiß, weshalb das Eisen schmilzt, wenn ich ihm Luft zuführe; ich weiß, weshalb die Pflanze besser wächst, wenn ich den Acker dünge; ich weiß, ich weiß, ich weiß: das ist die Devise der neuen Zeit, mit der sie das technische Verfahren von Grund aus ändert."

Hier sei eine kleine Parenthese gestattet; wenn heute ein jüngerer oder gar älterer stellungsuchender Ingenieur zu irgend einem Direktor käme und auf Befragen, was er gelernt habe und könne, nur kühn herausfordernd sagen würde: „ich weiß" so ist zehn gegen eins zu wetten, daß er entweder gar nicht angestellt oder ihm mindestens eine längere Lehrzeit mit bescheidenstem Gehalt gegönnt würde, damit er erst das bescheidenstolze „ich kann" erlerne!

Für die gesamte Technik, insbesondere aber für die Ingenieurkunst, bleibt doch nach wie vor das Können, d. h. die Gestaltung von Wissen und Erfahrung, der Kernpunkt und die Hauptsache!

Nun folgt aber in demselben Gedankengang eine Stelle, die sich zu einer viel bedenklicheren Schlußfolgerung steigert:

„War früher gearbeitet worden nach Regeln, so vollzieht sich jetzt die Tätigkeit nach Gesetzen, deren Ergründung und Anwendung als die eigentliche Aufgabe des rationellen Verfahrens erscheint. Die Technik tritt damit in eine bedingungslose Abhängigkeit von den theoretischen Naturwissenschaften, deren Fortschritte allein noch über das Ausmaß ihrer eigenen Leistungsfähigkeit entscheiden."

Ja, wenn die Technik in der Tat ihr Stichwort nur von den theoretischen Naturwissenschaften erhielte und nur deren Fortschritte abwarten müßte, um selbst solche zeitigen zu können, dann stände es allerdings um die Technik schlimm und würden vor allen Dingen ihre Fortschritte sehr viel langsamer vor sich gehen, ganz abgesehen davon, daß Industrien, welche nicht auf Grund ihrer eigenen Bedürfnisse sehr wesentliche Fortschritte selbst zu machen verständen, bald bankerott wären!

Es ist das wieder einmal ein Beispiel, wie man aus mangelnder Kenntnis oder Berücksichtigung der Wirklichkeit zuliebe einer abstrakten, möglichst einfachen Formulierung zu ganz falschen, den Tatsachen widersprechenden Lehren kommt!

Bevor wir indes auf jene Behauptung näher eingehen, möchten wir ausdrücklich betonen, daß wir hier nicht etwa Wissenschaft und Technik von einander trennen oder irgendwie in Gegensatz bringen wollen; denn diese Gegensätze, die früher als „Theorie und Praxis" scharf hervortraten, sind gerade in unserm Verein längst in einer höheren Einheit ausgeglichen. Von den etwa 124 aus dem Ingenieurstande direkt hervorgegangenen Professoren an den technischen Hochschulen Deutschlands gehören zunächst etwa 84, also mehr als zwei Drittel, dem Verein deutscher Ingenieure an. Die meisten aber stehen nicht nur in ihren neuen technischen Laboratorien, sondern auch sonst mit der Praxis in lebendiger Fühlung, ja ein großer Teil von ihnen übt heute noch Ingenieurpraxis aus, und gerade mit diesen Ingenieurprofessoren stehen wir in ganz besonders regem Austausch von Wissenschaft und Erfahrung. Was diese Herren in der Industrie treiben, ist wissenschaftliche Technik; was sie an der Hochschule lehren, ist technische Wissenschaft. Es ist dies aber kein leeres Wortspiel; denn das Hauptwort zeigt eben an, auf welchem Gebiete jedesmal der Schwerpunkt liegt. Was deshalb in Deutschland Ingenieurtechnik heißt und als solche betrieben wird, ist wissenschaftliche Technik, die gerade infolge der schon erwähnten Verbreiterung und Vertiefung ihres Wissens auch aus sich selbst heraus Theorien entwickeln und in die Praxis überführen kann. Jedenfalls aber dürfen wir wohl mit Recht alle diese Professorenmitglieder als zu uns gehörig reklamieren, und zwar unsern Herrn Vorsitzenden an der Spitze. Ein Gegensatz zu ihnen ist also von vornherein ausgeschlossen!

Als Eideshelfer nun für unsere Auffassung: daß die Naturwissenschaften zwar ein unentbehrliches Hilfsmittel der Technik geworden sind, daß aber keineswegs alle Fortschritte der Technik, auch nicht einmal alle Hauptfortschritte von ihr abhängen, wollen wir unsern Altmeister Werner Siemens anrufen, den ehemaligen Artillerieleutnant und aus dem Ingenieurberuf hervorgegangenen Gelehrten.

In jenem hochinteressanten Zwiegespräch, das er bei seiner Aufnahme in die Akademie der Wissenschaften\*) mit dem Sekretär ihrer physikalisch-mathematischen Klasse, dem ebenfalls unvergeßlichen du Bois-Reymond, führte, äußerte er:

„Das Lehrfach, das Beamtentum, die Industrie, die Landwirtschaft, ja fast jedes Gewerbe hat sich wesentliche Bestandteile der wissenschaftlichen Kenntnis und Methode angeeignet. Es sind dadurch der Wissenschaft Tausende von Mitarbeitern erwachsen, welche zwar größtenteils nicht auf einer weiten Überblick gewährenden Wissenshöhe stehen, dafür aber ihr Spezialfach gründlich kennen und bei dem Bestreben, dasselbe mit Hilfe der erworbenen wissenschaftlichen Kenntnisse weiter auszubilden, überall den Grenzen unseres heutigen Wissens begegnen. Die Kenntnis neuer Tatsachen, bisher unbekannter Erscheinungen fließt daher von hier in lebendigem Strome zur Wissenschaft zurück."

Wie einfach und klar ist hier die gegenseitige Befruchtung von Wissenschaft und Technik dargestellt, die eine einseitige Abhängigkeit für beide Teile völlig ausschließt: Die Kenntnis neuer Tatsachen und Erscheinungen, die über die alleinigen Fortschritte der Naturwissenschaft und über die Grenzen ihres eigenen Wissens hinausgehen, werden dieser in lebendigem Strome zurückgeführt. Die Technik beschränkt sich also keineswegs auf das Ausmaß naturwissenschaftlicher Fortschritte, sondern erweitert dieselben direkt. In gleicher Weise geht natürlich der Strom neuer Kenntnisse von der Wissenschaft in die Technik über.

Auch die Aufgaben und Richtungslinien der Technik leitete Siemens, wie es die Praxis alltäglich lehrt, nicht von dem Programm und von den Fortschritten der Naturwissenschaften ab, sondern er sagt in seiner schlichten und klaren Sprache weiter: „meine Aufgaben werden mir gewöhnlich durch meine Berufstätigkeit vorgeschrieben, indem

---

\*) Werner Siemens: „Wissenschaftliche und technische Arbeiten." I. Bd. S. 218 u. f.

die Ausfüllung wissenschaftlicher Lücken, auf die ich stieß, sich als ein **technisches Bedürfnis** erwies."

Und so ist es auch heute noch: das technische Bedürfnis im Berufsleben, das man mitunter sehr eindrucksvoll durch unerfreuliche Erfahrungen an ausgeführten Maschinen, durch die schneller fortschreitende Konkurrenz oder auf Grund eigener Beobachtungen und Studien kennen lernt, gibt in den weitaus meisten Fällen die Richtungslinien an, in denen die Fortentwicklung des betreffenden Zweiges der Technik stattfinden muß. Es spielen dabei häufig die rein **technischen** oder wissenschaftlichen Gesichtspunkte gar nicht einmal die Hauptrolle, sondern die **wirtschaftlichen**, und hier nicht nur die des eignen Landes, sondern auch die des jetzt vielgenannten Weltmarktes.

Darum ist es weder zu verwundern, noch liegt auch nur der mindeste Vorwurf für die Naturwissenschaften darin, daß auch heute noch trotz hochentwickelter Wissenschaft die Technik volle innere Selbständigkeit, ja sogar recht häufig noch, um es technisch zu bezeichnen, „Voreilung" hat: daß also die Wissenschaft sich plötzlich fertigen Maschinen oder Verfahren gegenüber sieht, für die sie erst **nachträglich** durch mühsame, wenn auch planvoll angeordnete Experimente die Theorie schaffen kann.

Außerdem aber, und das ist der zweite Hauptfaktor, beruht noch heute ein großer Teil der besten Fortschritte der modernen technischen Arbeit auf dem **Talent** und der eigentümlichen Begabung ihrer Träger, und mit klarer, unvoreingenommener Kenntnis des wirklichen Lebens antwortete in jener denkwürdigen Sitzung der Akademie du Bois-Reymond seinem aufgenommenen Freunde:*)

„Dein ist das Talent des mechanischen Erfindens, welches nicht mit Unrecht Urvölkern göttlich hieß, und dessen Ausbildung die Überlegenheit der modernen Kultur ausmacht."

Nun könnte man freilich sagen, das alles habe sich seit dem 2. Juli 1874, wo diese Aufnahme stattfand, wesentlich verändert; die Wissenschaft sei seit jener Zeit viel schneller

---

*) S. 221.

fortgeschritten, habe sich der Praxis mehr genähert und beherrsche dieselbe deshalb auch mehr. Allein selbst da, wo die Praxis mit der Wissenschaft am meisten durchdrungen scheint, z. B. in den chemischen Großbetrieben, kommen solche Voreilungen der Praxis nach den Vorträgen und Denkschriften bekannter Chemiker auch heute noch vor.

Es handelt sich aber bei dieser ganzen Frage keineswegs um die größere oder geringere Zahl solcher Voreilungen, die einmal bei der Technik, ein anderes Mal bei der Wissenschaft stattfinden, sondern lediglich um die prinzipiell wichtige Frage:

Kann überhaupt die Technik in der modernen Praxis noch aus sich selbst heraus planmäßige Fortschritte entwickeln oder geht sie nur am Gängelband der Naturwissenschaften?

Gerade die Geschichte der jetzt etwa seit 25 Jahren bestehenden Elektrotechnik, welche viele als von der Wissenschaft am meisten abhängig glauben, beweist das Gegenteil.

Denn wenn wir auch die unsterblichen wissenschaftlichen Verdienste von Gauß, Weber, Volta, Ampère, Faraday, Foucault, Reis, Bell, Thomson u. a. bei jeder Gelegenheit in tiefer Dankbarkeit hervorheben, so erfordert es die ausgleichende Gerechtigkeit, auch folgende Tatsachen aus der Schöpfungsgeschichte der eigentlichen Elektrotechnik festzuhalten und anzuerkennen:

Die Dynamomaschine, deren Prinzip Siemens aus der wissenschaftlichen Technik, durch sein mechanisches Talent erfand, wurde fast ausschließlich durch Ingenieure, geniale Empiriker oder einfache Mechanikertalente nicht nur ausgebildet, sondern in ihren wichtigen Hauptetappen des Gleichstroms, Wechselstroms und der Mehrphasenströme als völlig neue Maschine erfunden. Wir erinnern an die Namen Hefner-Alteneck, Gramme, Schuckert, Brush, Edison, Kapp, Schellenberger, Tesla, Bradley, Haselwander, Wenström, Dolivo-Dobrowolski und last not least Brown.

Die Elektromotoren verdanken wir in Theorie und Praxis in erster Linie den Ingenieuren Hopkinson, Frölich und Deprez, die elektrische Lokomotive Werner Siemens.

Die Erfindung der Glühlampen knüpft sich an die

genialen Empiriker Edison, Swan und Maxim, die der Bogenlampen an die Namen der Ingenieure Hefner-Alteneck, Brush Križik, Crompton, Weston, Uppenborn, Piper, Bremer.

Die Akkumulatoren, deren Erfindung ein Verdienst des Naturforschers Planté und seines Assistenten Faure ist, wurden erst durch die Ingenieure Tudor und Müller lebensfähig.

Die für unsere elektrischen Zentralanlagen mit grundlegende Erfindung der Stromtransformierung verdanken wir den Ingenieuren Gaulard, Zipernowsky, Déry und Blathy.

Und wenn man berücksichtigt, daß sich der Schwerpunkt der Elektrotechnik schon seit längerer Zeit von den Lichtanlagen nach den zentralen Kraftanlagen verschoben hat, so geschah hier die theoretisch und praktisch grundlegende Arbeit durch 2 Ingenieure: die erste, mehr theoretische, durch Marcel Deprez auf der Ausstellung in München im Jahre 1882, die zweite, technisch und wirtschaftlich ausschlaggebende, durch Oskar von Miller bei seiner elektrischen Kraftübertragung von Lauffen nach der ca. 180 km entfernten Frankfurter Ausstellung im Jahre 1891.

Um aber auch aus der neuesten Geschichte der Erfindungen noch einige interessante Beispiele zu erwähnen, so ist die allbekannte Dampfturbine von Parsons nach der eigenen Darstellung ihres Erfinders nicht etwa aus irgend einer Anweisung oder irgend einem besonderen neuen Fortschritt der Naturwissenschaft entstanden, sondern aus dem allgemeinen Bedürfnis nach schnell laufenden Dampfmaschinen und aus seinen eigenen praktischen Studien über hohe Rotationsgeschwindigkeiten. Und wenn auch tatsächlich 30 Jahre vorher, ohne sein Wissen, die theoretischen Forderungen schon eingehend formuliert gewesen sind, so war es auch damals ein Ingenieur, der französische Mineningenieur Tournaire, der jene Dampfturbinen-Theorie zuerst aufgestellt hatte.

Und jetzt stehen wir vielleicht vor der Erfindung der Gasturbine. Gerade hier ist es interessant festzustellen, daß eine solche nach den Erfolgen der Dampfturbine, in der eine Reihe neuer technischer Schwierigkeiten überwunden ist, große Chancen hätte. Die wissenschaftlichen Theorien der

Dampfturbine und des Gasmotors liegen einzeln vor; auch ist ihre theoretische Zusammensetzung für eine Gasturbine bereits vorhanden; allein damit ist noch lange kein tatsächlicher Fortschritt der Technik, eine wirkliche Gasturbine, erreicht, auch noch nicht einmal der Weg angegeben, auf dem dieser Fortschritt lebensfähig werden kann. Denn die Bedingungen, welche in der Praxis erfüllt werden müssen, sind so vielseitig und schwierig, daß es trotz klarer Erkenntnis der theoretischen Vorteile einer Gasturbine noch zweifelhaft bleibt, ob überhaupt solch ein Motor technisch und wirtschaftlich möglich ist.

In gleicher Weise bietet die Geschichte einer der epochemachendsten Erfindungen der Neuzeit, der Gasmaschine, Beispiele. Denn als s. Z. die erste stehende atmosphärische Gaskraftmaschine von Otto und Langen bereits in Tausenden von Exemplaren nützliche Arbeit verrichtete, war noch keine Theorie vorhanden, die allgemeine Geltung hatte und insbesondere eine Erklärung dafür fand, wie ihr hoher ökonomischer Nutzeffekt ohne Anwendung von Vorkompression entstände. Ebenso wurde die Haupterfindung des Viertaktmotors durch Otto ganz selbständig aus der Praxis geschaffen, indem die frühere theoretische Erfindung desselben Arbeitsverfahrens durch Beau de Rochas erst bei Gelegenheit eines späteren Patentprozesses ans Licht gezogen wurde. Ja, der wichtige sogenannte „Viertakt" wurde sogar doppelt aus der Praxis geboren, unabhängig von der früheren Theorie, indem der noch lebende Münchener Hofuhrmacher Christian Reithmann schon 13 Jahre vor jenem Patentprozeß, also sogar noch vor Otto, einen stehenden Viertaktmotor desselben Arbeitsverfahrens erbaute, der mit etwa $^3/_4$ PS tatsächliche Arbeit geleistet hat.

Deshalb kann sich auch heute noch ereignen, was sich bei dem berühmtesten Naturforscher seiner Zeit, Faraday, zutrug: daß, als er vor der Royal Institution in London einen Vortrag über die Aufsehen erregende Heißluftmaschine von Ericsson halten sollte, die bereits mit 5 PS tatsächlich lief, er dies mit dem freimütigen Bekenntnis ablehnte: er könne nur bezeugen, daß sie tatsächlich Arbeit leiste, daß er jedoch selber nicht wisse, warum.

Solche im „frommen Halbdunkel" empirisch schaffenden und doch dabei sehr zielbewußten mechanischen Talente wie Ericsson, Parsons, Otto und die zahlreichen früher Genannten sind auch noch in der allerneuesten Zeit nicht ausgeschlossen. So scheint auch heute schon das schwierige Problem der lenkbaren Luftschiffahrt wenigstens bis zu einem gewissen Grade gelöst, während die wissenschaftlichen Studienkommissionen zur Gewinnung der Grundlagen für eine Theorie des dynamischen Fluges noch in der Bildung begriffen sind.

Auch gibt es eine ganze Reihe von Maschinen, die, ohne eigentlich sogenannte „epochemachende" Erfindungen zu sein, gleichwohl eine große technische und wirtschaftliche Bedeutung zu Freud oder Leid der Menschen gewonnen haben, ohne daß dabei irgend ein Fortschritt der Naturwissenschaft den Anlaß gegeben oder überhaupt dabei nur mitgewirkt hätte. Hierhin gehört z. B. die Fahrrad- und Automobilindustrie.

So ist das moderne Fahrrad in allen seinen wesentlichen Teilen eine Erfindung mechanischer Talente, sozusagen eine „Amateurerfindung"· Ein Forstmann, von Drais, erfand das Zweirad; der Instrumentenmacher Fischer fügte die Tretkurbel, der Schauspieler Maidstone das Drahtspeichenrad und der Tierarzt Dunlop den Reifen hinzu. Die Theorie des Rades und des Luftreifens ist aber erst vor einigen Jahren von französischen Forschern aufgestellt worden.

Ebenso ist die Automobilindustrie auf keinerlei Fortschritte der Naturwissenschaft direkt oder indirekt zurückzuführen, sondern lediglich auf zwei bekannte deutsche Ingenieure, Gottlieb Daimler und Karl Benz, die als die unbestrittenen Erfinder des Automobils gelten. Allein der gesamte Export unserer Motorwagen- und Motorfahrradindustrie wird in dem deutschen amtlichen Katalog der diesjährigen Mailänder Ausstellung schon auf etwa 30 Millionen Mark berechnet.

Zum Vergleich diene dabei noch, daß v. Miller die Zahl der in der deutschen Elektrotechnik beschäftigten Personen in seinem kürzlich zu Frankfurt a. M. gehaltenen Vortrage heute auf ca. 80 000 schätzt, während man die für die Automobil- und Fahrradindustrie in Frankreich direkt arbeitenden

Personen schon im Jahre 1903 auf 100 000 angab, also schon auf etwa 20 000 Menschen mehr als in der großen deutschen Elektrizitätsindustrie. Das sind also selbst für heutige Verhältnisse respektable Zahlen einer durch die Fortschritte der Naturwissenschaft in keiner Weise ins Leben gerufenen oder von ihr abhängigen Industrie.

Ebenso unabhängig steht unter vielen andern unsere großartige Werkzeugmaschinen-Industrie da, die doch der ganzen modernen technischen Arbeit die Fundamente, insbesondere auch für die Arbeitsteilung, geschaffen hat.

Doch was soll damit bewiesen werden? Sicherlich **nicht,** daß wir in unserm Verein die theoretischen Naturwissenschaften, geschweige denn die mit uns in innigstem Zusammenhang arbeitenden technischen Wissenschaften in ihrer steigenden Bedeutung und in ihrem immer weiteren Zurückdrängen planloser Experimente unterschätzen — in solchen Verdacht können wir überhaupt garnicht kommen! Wissen wir doch selbst am besten, wie häufig neue Forschungsresultate der Naturwissenschaft und von ihr klar ausgesprochene Theorien der Technik nützen, wenn die praktischen und wirtschaftlichen Bedingungen für ihre Verwirklichung vorhanden sind. Allein die geschilderten äußeren Verhältnisse zwangen uns direkt dazu, gerade an einem Tage, wie dem heutigen, durch einige wenige Beispiele zu belegen, daß die neuerdings behauptete **völlige Abhängigkeit** der schaffenden Technik von der theoretischen Naturwissenschaft nicht existiert, sondern daß nach allen Erfahrungen, bis in die neueste Zeit hinein, die Technik ihren Weg völlig selbständig geht, nach wie vor aus sich selbst heraus Erfindungen macht, zu denen die Theorie von den Naturwissenschaften sehr häufig erst nachher aufgestellt werden kann; daß auch nicht einmal die Richtungslinien der Technik sich nur aus der naturwissenschaftlichen Theorie, sondern in der weitaus größten Zahl von Fällen aus dem praktischen Berufsbedürfnis, den Konkurrenz- und Absatzverhältnissen usw. entwickeln, und daß vor allem neben wissenschaftlicher Erkenntnis und Methode „das Talent des mechanischen Erfindens", — dessen

Ausbildung der Naturforscher du Bois-Reymond Überlegenheit der modernen Kultur zuschrieb, — als urwüchsige Kraft in der Technik weiterwirkt.

Hoffentlich wird dieses Talent, das auch bei anderen Kulturnationen noch so erfolgreich ist und das durch keine naturwissenschaftlichen Kenntnisse je ersetzt werden kann, gerade bei uns Deutschen, die wir ohnehin so sehr zur reinen Theorie neigen, nie aussterben; denn das wäre gleichbedeutend mit einem unfehlbaren Untergang unserer Technik und Industrie, nämlich mit dem Verlust ihrer Selbständigkeit und Konkurrenzkraft. Möge vielmehr dieser eine Hauptfaktor aller modernen Technik, der gewöhnlich mit recht viel gesundem Menschenverstand und recht klarem, durch Erfahrung geschärftem Blick verbunden zu sein pflegt, auch in der öffentlichen Meinung stets die gebührende Würdigung finden! —

Wir haben in dem vorher Gesagten den Versuch gemacht, die Faktoren, welche für den Erfolg der deutschen Industrie von ausschlaggebender Bedeutung sind, in ein richtigeres Tatsachenverhältnis zu einander zu setzen. Dementsprechend sind wir der Überschätzung des Anteiles entgegengetreten, der einerseits den Lohnarbeitern und anderseits den Fortschritten der Naturwissenschaften von der öffentlichen Meinung entgegengebracht wird, da sonst in der Tat für die dazwischen stehenden selbstschöpferischen Kräfte der unternehmenden Ingenieurtechnik kaum mehr Raum bliebe. Das gebietet die Selbstachtung und die dankbare Rücksicht auf unsere zahlreichen geistigen Mitarbeiter auf allen Stufen der Technik, sowie auf unsere nicht minder zahlreichen mechanischen Talente und unsere eignen wissenschaftlich arbeitenden Erfinder!

Das wird uns Ingenieure aber nie hindern, einerseits voll und ganz anzuerkennen, wie absolut notwendig und wichtig ein intelligenter und zuverlässiger Arbeiterstamm ist, und andererseits tief durchdrungen zu sein von der Bedeutung der Mitarbeit der Naturwissenschaften und von der Notwendigkeit unserer gegenseitigen „Induktion".

Die Ingenieurtechnik und Industrie würden aber ihre ureigenste Lebenskraft verleugnen, wenn sie sich lediglich als „Appendix" der Naturwissenschaften behandeln ließen.

Wie auch heute noch der Staatsmann, nicht der Historiker, die Weltgeschichte macht, unsere Generäle mit ihrem Generalstab die Schlachten schlagen, nicht der Lehrer der Kriegswissenschaft, und der Künstler die Kunst und ihre Richtung schafft — nicht der Ästhetiker oder Kunsthistoriker —, so schlägt auch die Ingenieurtechnik und Industrie mit ihrem Generalstab ihre Schlachten selbst, wenn auch in gleich inniger Fühlung mit der Wissenschaft wie jene drei anderen großen Weltfaktoren.

Wie sehr aber gerade wir deutschen Ingenieure eine gegenseitige Befruchtung von Wissenschaft und Praxis hochhalten, wie sehr wir schätzen, was Mathematik, Physik, Chemie in ihrer Mitarbeit bei der Elektrotechnik, bei der technischen Chemie, Elektrochemie und überhaupt in allen Zweigen unserer Technik Großes geleistet, wie sehr wir insbesondere auch um den persönlichen Austausch der Gedanken und Erfahrungen mit ihren Forschern bemüht sind: das kann — wie heute wiederholt betont — unser Verein fortlaufend aus seiner Geschichte nachweisen. Das hat aber nicht nur der deutsche Ingenieurverein, sondern die ganze Industrie von Nord und Süd bei der Jahrhundertfeier der technischen Hochschule zu Charlottenburg durch die bekannte „Jubiläumsstiftung" in Dankbarkeit dargetan. In ihr arbeiten die Vertreter sämtlicher technischen Hochschulen Deutschlands neben einer gleichen Anzahl von Vertretern der Industrie seit nunmehr 5 Jahren zum Segen von Wissenschaft und Technik freudig zusammen.

Aber nicht nur dieses Band, das durch unsere aus dem Ingenieurstand hervorgegangenen Professoren ein ganz besonders intimes geworden ist, wird auch in Zukunft die gesamte deutsche Industrie in engster Verbindung mit allen Fortschritten der technischen Wissenschaft halten, sondern wir können zu unserer Freude auch darauf hinweisen, daß in der „Göttinger Vereinigung zur Förderung der angewandten Physik und Mathematik" schon ein direktes Zusammenwirken von Vertretern der theoretischen Naturwissenschaften der Universität und der Industrie seit einigen Jahren besteht und auch dort die besten Früchte des Fortschrittes für beide Teile zeitigt. Auch ist bekannt, daß einzelne hervorragende Physiker und Chemiker der Universitäten direkt mit den schaffenden Kräften der Technik einen an Erfolgen reichen Bund geschlossen haben, und wir können sicher sein, daß gerade diese Zierden der Naturwissenschaft gelernt haben, die selbständig schaffenden Kräfte der Technik nicht zu unterschätzen. Nirgends aber werden auch die selbständigen Fortschritte ihrer Wissenschaften, die sie in die Praxis tragen, ein freudigeres Verständnis auf der Welt finden als bei den deutschen Ingenieuren!

Alle diese höheren Einheitsbestrebungen, alle naturwissenschaftliche und technische Arbeit von einst und jetzt, sollen nun gewissermaßen eine Krönung in dem neuen „Deutschen Museum" in München erfahren, zu dessen definitivem Bau der Grundstein im November dieses Jahres — wie wir hoffen dürfen, im Beisein Kaiser Wilhelms II. und seines hohen Verbündeten, des Prinzregenten Luitpold, — gelegt werden soll.

Die Gründung dieses für „Meisterwerke der Naturwissenschaft und Technik" bestimmten Museums erfolgte bekanntlich im Jahre 1903 unter dem Ehrenvorsitz des für diese Bestrebungen begeisterten Prinzen Ludwig von Bayern, und zwar bei Gelegenheit unserer Hauptversammlung in München. Ihr Vorsitzender erklärte damals, daß die Idee der hier in Frage stehenden Neugründung gewissermaßen der eigensten Atmosphäre unseres Vereins entstamme; denn die innigste Durchdringung von Wissenschaft und Technik sei von jeher sein Lebenselement. Und am Schlusse jener Ansprache gab er namens unseres Vereinsvorstandes die Erklärung ab: „daß wir die Gründung dieses neuen lebensvollen Museums mit dankbarster Freude begrüßen, willens sind, diese Sympathie so viel als möglich in Taten umzusetzen und durch unsere über ganz Deutschland verbreitete Organisation dazu beizutragen, daß die großen Marksteine in der Geschichte deutscher Technik nicht vom Flugsande der immer schneller fortschreitenden Zeit verschüttet werden."

An uns ist es jetzt, meine Herren, dieses damals wohlüberlegt abgegebene Versprechen einzulösen, und zwar für jene großartige Organisation, die unser Oskar von Miller inzwischen dafür geschaffen und ganz mit seiner Tatkraft erfüllt hat. Ein jeder von Ihnen kann dazu beitragen, sei es materiell, sei es durch persönlichen Einfluß, um manchen historischen Schatz der Naturwissenschaft und Technik vor Verderben oder Untergang zu bewahren!

Nicht aber das sei der Zweck jenes geplanten stolzen Baues, uns zu zeigen, „wie herrlich weit wir es gebracht", sondern im Gegenteil: Jene vereinten Sammlungen sollen uns erst den richtigen Maßstab für die Leistungen unserer Zeit und für unser eigenes Schaffen bringen, wenn wir dort die hohen Meisterwerke von Kulturperioden vor uns sehen, die einst unter soviel größerer Ungunst der Verhältnisse, mit soviel bescheideneren Werkzeugen, Instrumenten und Materialien, durch soviel Genie, Talent und eisernen Fleiß geschaffen worden sind.

Und wenn wir uns schon jetzt im vorausschauenden Geiste in den monumentalen Hörsaal des neuen Museums versetzt denken, wo die Vorführung und Erläuterung seiner Schätze ihm erst das rechte innere fortwirkende Leben geben sollen, dann möge über jenen Vorlesungen auch in dem Sinne ein guter Stern walten, daß sie uns nicht nur zeigen, wie Naturwissenschaft und Technik Meisterwerke für sich zu Stande gebracht oder wie mächtig sie zu allen Zeiten auf die Kultur eingewirkt haben, sondern auch, wie beide zusammen doch immer nur Teile blieben jener unendlich vielen und vielseitigen Kräfte, die am Aufbau der Kultur mitgearbeitet haben und auch heute noch mindestens ebenso emsig daran mitschaffen.

Insbesondere aber möchten wir in jenem Zukunftssaal auch hören und mit dem reichen Material, das dort zur Verfügung stehen wird, bewiesen sehen, daß die Fortschritte der Naturwissenschaft und Technik auch hohe ideale und sittliche

Lebenswerte erzeugen und daß die letzte Konsequenz beider Entwicklungsreihen keineswegs, wie befürchtet wird, zu einer „Überschätzung des Intellekts" und zu einer „Verschüttung der tieferliegenden Quellen sittlichen und religiösen Empfindens" führen!

Und wer das Unglück haben sollte, dort gleichwohl einmal einer Vorlesung beiwohnen zu müssen, als deren letztes Resultat nichts weiter übrig bliebe als ein die Seele leer und kalt lassender Materialismus: nun, der fahre weiter über München hinaus nach den Bergen zu in die freie Gottesnatur, in das Museum ihrer Original-Meisterwerke! Vielleicht gelingt es ihm dort, den richtigen Maßstab für seinen unendlich kleinen Anteil an der Kulturarbeit der Welt zu finden, oder besser noch, diesen Maßstab zu erleben!

Mit solch einem kleinen Erlebnis bitte ich schließen zu dürfen.

Ich stand in tiefem Morgendunkel auf dem Faulhorn, um den Sonnenaufgang zu erwarten. Vor mir lag die Jungfraukette, mir zunächst die mächtige, steil abfallende, schwarze Wand des Eigers. Mühsam erkannte ich in ihr die drei kleinen Galerieöffnungen wieder, die von der Jungfraubahn bei Station Eigerwand aus dem Felsen gebrochen sind. Wie aus drei winzigen kleinen Laternen leuchtete jetzt das elekrische Licht in die Dämmerung hinaus.

Noch einmal durchfuhr ich in Gedanken jene Bahn, voll Bewunderung für das Werk der Schweizer Ingenieure, die dort tief im Innern des Felsens Tag und Nacht mit ihren italienischen Arbeitern und deutschen Werkzeugen sich immer weiter aufwärts bohren. Die große Kurve im Bergmassiv, die hinter jenen Galerieöffnungen der Eigerwand aufsteigt, hatte mich wenige Tage zuvor, am Eröffnungstage, an die andere Seite des Berges gebracht, auf die „Eismeerstation", die bis dahin höchste. Ich sah schon im Geiste die Bahn sich unter dem Jungfraujoch hin der Stelle nähern, wo ein elektrischer Aufzug direkt zur eisigen Höhe der Jungfrau hinaufführen soll; alle Schwierigkeiten schienen vor der hier waltenden zielbewußten Energie moderner Technik gewichen, ... da plötzlich röteten sich die höchsten Bergspitzen und die Riesenmassen der Gletscher und Firne wurden von einem großen Licht in Glut getaucht, das überraschend hinter mir aufgegangen war. Verblaßt und verschwunden waren die drei kleinen Erdenlichter drüben in der Eigerwand — und mit ihnen all' meine stolzen Gedanken! —

MIX
Papier aus verantwortungsvollen Quellen
Paper from responsible sources
FSC® C105338

If you have any concerns about our products,
you can contact us on
**ProductSafety@springernature.com**

In case Publisher is established outside the EU,
the EU authorized representative is:
**Springer Nature Customer Service Center GmbH
Europaplatz 3, 69115 Heidelberg, Germany**

Printed by Libri Plureos GmbH
in Hamburg, Germany